# Cuadernos de lógica, epistemología y lenguaje

## Volumen 22

# Ensayos sobre lógica y lenguaje en honor a Alfredo Burrieza

Volumen 12
Una introducción a la teoría lógica de la Edad Media
Manuel A. Dahlquist

Volumen 13
Aventuras en el Mundo de la Lógica. Ensayos en Honor a María Manzano
Enrique Alonso, Antonia Huertas y Andrei Moldovan, editors

Volumen 14
Infinito, lógica, geometría
Paolo Mancosu

Volumen 15
Lógica, Conocimiento y Abducción. Homenaje a Ángel Nepomuceno
C. Barés Gómez, F. J. Salguero Lamillar and F. Soler Toscano, editores

Volumen 16
Dilucidando π. Irracionalidad, trascendencia y cuadratura del círculo en Johann Heinrich Lambert (1728-1777)
Eduardo Dorrego López and Elías Fuentes Guillén. With a preface by José Ferreirós

Volumen 17
Filosofía posdarwiniana. Enfoques actuales sobre la intersección entre análisis epistemológico y naturalismo filosófico
Rodrigo López-Orellana and E. Joaquín Suárez-Ruíz, editors. Prólogo de Antonio Diéguez Lucena

Volumen 18
De Mathematicae atque Philosophiae Elegantia. Notas Festivas para Abel Lassalle Casanave
Gisele Dalva Secco, Frank Thomas Sautter, Oscar Miguel Esquisabel and Wagner Sanz, editores

Volumen 19
Pasado, Presente y Futuro
Arthur N. Prior. Traducción de Manuel González Riquelme

Volumen 20
Husserl, Carnap y los conceptos de completud en lógica
Víctor Aranda

Volumen 21
Lógica Dialógica. Reglas y ejercicios para hacer lógica con diálogos
Juan Redmond and Rodrigo López-Orellana

Volumen 22
Ensayos sobre lógica y lenguaje en honor a Alfredo Burrieza
Carlos Aguilera-Ventura, Emilio Muñoz-Velasco, Manuel Ojeda-Aciego y Antonio Yuste-Ginel, editores

Cuadernos de Lógica, epistemología y lenguaje
Series Editors                                Shahid Rahman and Juan Redmond
Assistant Editor                                Rodrigo López-Orellana

# Ensayos sobre lógica y lenguaje en honor a Alfredo Burrieza

Editores
Carlos Aguilera-Ventura
Emilio Muñoz-Velasco
Manuel Ojeda-Aciego
Antonio Yuste-Ginel

ISBN 978-1-84890-450-7

College Publications
Scientific Director: Dov Gabbay
Managing Director: Jane Spurr

http://www.collegepublications.co.uk

Cover produced by Laraine Welch

# Índice general

**Prólogo**                                                          **VII**
Carlos Aguilera-Ventura, Emilio Muñoz-Velasco, Manuel Ojeda-Aciego
y Antonio Yuste-Ginel

**1  An educational epistemic model checker for Philosophy
    students**                                                         **1**
    Carlos Aguilera-Ventura y Antonio Yuste-Ginel

**2  Sobre unos poetas espirituales y unos jueces simpáticos
    de los que nunca habló F. Bacon**                                 **19**
    Pedro J. Chamizo Domínguez

**3  Lógica interrogativa epistémica**                               **41**
    Claudia Fernández-Fernández y Ángel Nepomuceno-Fernández

**4  *Conciencia-de* y *conciencia-de-que*: su combinación y dinámi-
    cas**                                                             **61**
    Claudia Fernández-Fernández y Fernando R. Velázquez-Quesada

**5  ¿Es la garantía parte del argumento? Lo que dice Nos-
    tradamus**                                                       **103**
    Hubert Marraud

V

6  Conexiones de Galois relacionales                         121
   Emilio Muñoz-Velasco y Manuel Ojeda-Aciego

7  Lógica clásica de segundo orden                           137
   Ángel Nepomuceno-Fernández

8  Logics for integrating policies and science               157
   David Pearce

9  Revisiting deontic logic                                  183
   Francisco J. Salguero-Lamillar

10 Acercamiento a la lógica clásica con perspectiva LLI      205
   Fernando Soler-Toscano

# Prólogo

Este libro es fruto de un esfuerzo colectivo para rendir homenaje al que, para las personas que lo escribirmos, ha sido un referente personal y académico, bien como maestro, bien como colega, o como ambas cosas: el profesor Alfredo Burrieza Muñiz.

## Apuntes biográficos

Alfredo Burrieza nació en Madrid en 1953. Se licenció en Filosofía (sección Psicología, 1976) por la Universidad Complutense de Madrid. Más tarde, en 1984, se doctoró por la Universidad de Málaga bajo la dirección de Pascual Martínez Freire con una tesis sobre lógica temporal. Tras combinar sus años de doctorado con un puesto de profesor ayudante contratado en su *alma mater*, se trasladó a Murcia con su familia, donde había obtenido una plaza de profesor colaborador. En 1988, ganó un puesto como profesor titular en la Universidad de Málaga, convirtiéndose en catedrático en 2012. Desde 2023, es profesor emérito de la misma universidad donde sigue impartiendo docencia y desarrollando su trabajo de investigación.

Tanto la labor docente como investigadora del profesor Burrieza se inscriben claramente dentro del ámbito de la lógica formal. Por lo que respecta a la docencia, ha impartido numerosos cursos sobre lógica en programas de grado, máster y doctorado de diversas universidades. También ha participado en ocho proyectos de innovación docente financiados, seis de los cuales ha liderado como coordinador. Además, ha dirigido cuatro tesis doctorales, tres de las cuales iniciaron las carreras de algunas de las personas que participan en este libro. En cuanto a la investigación, las contribuciones de Alfredo Burrieza destacan dentro del campo de la lógica modal, en especial de sus interpretaciones temporal, dinámica, epistémica y funcional. En los últimos años, sus intereses se han inclinado parcialmente hacia algunas aplicaciones prácticas de estos sistemas, reflejándose en un contrato de transferencia con una empresa tecnológica así como en una patente. Ha publicado más de cuarenta artículos en revistas especializadas y un libro sobre representación del conocimiento. Ha participado en decenas de congresos nacionales e internacionales, organizando alguno de ellos. Quizá el rasgo más destacable de su trabajo como investigador es el carácter interdisciplinar del mismo, reflejado en su estrecha colaboración con el Grupo de Investigación en Matemática Aplicada a la Computación (GIMAC) de la Universidad de Málaga y, en años más recientes, con los institutos de investigación en Domótica, Mecatrónica, e Investigación Biomédica de la misma universidad. Ha participado en dieciséis proyectos de investigación financiados, muchos de ellos en colaboración con sus colegas del Grupo de Investigación en Lógica, Lenguaje e Información de la Universidad de Sevilla (GILLIUS), que han contribuido generosamente a la elaboración de este homenaje. Finalmente, cabe destacar su trabajo de gestión y liderazgo académico, materializado, entre otras cosas, por la dirección del Departamento de Filosofía de la Universidad de Málaga (2004-2022) y la Unidad de Investigación en Lógica, Lenguaje e Información, perteneciente a *Andalucía Tech* (2015-2021).

## Estructura del libro

Este libro consta de diez capítulos. Ocho de ellos versan sobre distintos aspectos de la lógica formal, uno sobre teoría de la argumentación y otro sobre filosofía de la traducción. A pesar de esta relativa heterogeneidad temática, pueden encontrarse distintas conexiones entre todos los trabajos que componen el libro, por lo que hemos decidido ordenar los capítulos alfabéticamente según el apellido del primer autor. En el Capítulo 1, Aguilera-Ventura y Yuste-Ginel presentan una herramienta para la didáctica de la lógica epistémica en cuyo desarrollo ha participado el propio homenajeado. El software, disponible en formato de aplicación web, está diseñado para introducir a los estudiantes de filosofía en problemas de comprobación de modelos (*model-checking*). En el Capítulo 2, el primero fuera de la lógica formal, Chamizo Domínguez presenta sus reflexiones en torno a las distintas traducciones de un texto clásico de Francis Bacon, aprovechando para dibujar algunos aspectos claves de la teoría de la traducción. En los dos siguientes capítulos (3 y 4), a cargo de Fernández-Fernández junto con Nepomuceno-Fernández en el primer caso, y con Velázquez-Quesada en el segundo, se presentan dos variantes de la lógica epistémica. La primera consiste en una perspectiva interrogativa, arraigada en el trabajo de Hintikka, de la lógica epistémica estándar. La segunda propone un ensayo en torno a las nociones de *conciencia-de* y *conciencia-de-que* así como de su modelado formal para lidiar con el famoso problema de la omnisciencia lógica. En el Capítulo 5, el segundo (junto con el 2) fuera del ámbito de la lógica formal, el profesor Marraud se pregunta por la pertenencia de la garantía (en términos de Toulmin) a la estructura de los argumentos. El autor analiza tres posibles posturas, inclinándose en favor de la última: la garantía es parte de todo argumento; la garantía es parte de algunos argumentos complejos; la garantía es un factor contextual de evaluación. En el Capítulo 6, Muñoz-Velasco y Ojeda-Aciego introducen una generalización de las conexiones de Galois, una estructura matemática cuyo análisis lógico ha interesado mucho al profesor Burrieza en los últimos años. En el Capítulo 7, el segundo capítulo firmado por el profesor Nepomuceno-Fernández, se presentan los pilares sintácticos y semánticos de la lógica clásica de segundo orden (así como algunas de sus aplicaciones), tema de su tesis doctoral, de cuyo tribunal formó parte el homenajeado. El Capítulo 8, a cargo del profesor David Pearce, nos brinda una nueva aplicación de herramientas lógicas. Pearce se pregunta por el vacío que usualmente se da entre la tecnociencia, por un lado, y las políticas públicas por el otro, y propone las bases de datos híbridas (provenientes del campo de la web semántica) como una herramienta formal para ayudar a llenar ese vacío. En el Capítulo 9, regresamos a la lógica modal, esta vez bajo su lectura deóntica, a cargo del profesor Salguero-Lamillar. Más en concreto, se exponen los límites de aplicación del método de tableaux semánticos (uno de los predilectos de Alfredo Burrieza) a esta interpretación de la lógica modal. Por último, en el Capítulo 10, encontramos una nueva aplicación de software para la enseñanza y aprendizaje de la lógica formal (temática con la que se abrió el libro en el Capítulo 1). En este caso, el profesor Soler-Toscano nos introduce en el mundo de los cuadernos Google Colab con su propuesta para introducir al alumnado de filosofía en la lógica clásica desde una perspectiva amplia e interdisciplinar, poniéndolo en contacto con nociones de otras disciplinas (como la programación o el procesamiento del lenguaje natural).

Los Editores

# Capítulo 1

# An educational epistemic model checker for Philosophy students

CARLOS AGUILERA-VENTURA
IRIT, Université Paul Sabatier, Toulouse

ANTONIO YUSTE-GINEL
Universidad Complutense de Madrid

## 1.1 Introduction and Context

**Presentation and a brief history of the tool.** This chapter reports on an open-ended project whose main aim is implementing a model checker for teaching and learning epistemic logic. It was designed to have Philosophy undergraduate students as target users. The project was born as the Bacherlors dissertation of Carlos, it was supervised by Alfredo and Antonio, and it is called *Epistemic Model Checker* (EMC). The first public version was released on GitHub on July 2020. A second version, containing some substantial improvements was presented at the *4th Conference of Tools for Teaching Logic*.[1] Finally, we developed some of its latest features in secret as a surprise for Alfredo in the present volume.

**Epistemic logic and its philosophical importance.** Epistemic logic can be broadly understood as the logical modelling of *epistemic attitudes*. Roughly, epistemic attitudes are mental states that cognitive agents hold toward propositions in order for them to have a (more or less accurate) representation of the world. This representation allows agents to intelligently interact with the environment and with other agents, among other things. The typical focus of epistemic logic, inherited from mainstream epistemology, is on two such attitudes: *knowledge* and *belief*. Despite its applications to computer science (e.g., in symbolic approaches to AI, epistemic game theory, or cryptography (see [5, 13]), epistemic logic was born as a project of philosophical inquiry [7], and it still attracts the attention of an important part of the philosophical academic community. It can be understood as a branch of the broader field of Formal Epistemology [1], which is, in turn, a branch of Formal Philosophy [6]. Hence, it is not unusual to find learning content about epistemic logic in the syllabus of different undergraduate courses for future philosophers worldwide. However, just as it happens with any other formal topic, epistemic logic poses a number of practical problems when understood as learning content for humanity students, mainly caused by the lack of formal background and the absence of habit of mathematical thinking.

**The importance of model checking problems.** Model-checking problems are a crucial learning activity to understand the meaning of epistemic operators: they train students in the very fundamental concept of the truth of a formula with respect to a model. Although they

---

[1]https://toolsforteachinglogic23.weebly.com/

are decision problems, the process of learning them requires more detailed feedback than a simple validation of solutions: students need to know *why* a certain formula is true or false at a given state of a model. Unfortunately, tutorial slots are limited and personalized training gets complicated when the number of students scales up. This translates into the call for tools that permit asynchronous and autonomous learning of model-checking problems, providing students not only with a way of validating their own solutions but also with appropriate explanations.

**Contribution.** In short, EMC provides a user-friendly solver of epistemic model-checking problems with additional textual explanations for the proposed solutions. Models are handled via a straightforward set-theoretic notation, and EMC automatically produces a graphical representation of the model, while formulas are handled using a straightforward syntax. Moreover, the software also offers a sequence of labelled graphs that represent each step of the model-checking algorithm, giving users a pictorial representation of how the procedure unfolds. In this chapter, we provide two main contributions with respect to previous versions of the tool: the inclusion of the *common knowledge operator* [15] in our language; and the release of the current version of the tool as a web application **https://emc-snowy.vercel.app/**, so as to spread its use and gather more feedback from instructors and students for further improvements.

**Structure.** The rest of this Chapter is organized as follows. Section 1.2 provides the necessary background on epistemic logic. In Section 1.3, we present the main features of EMC. Our software is compared to other existing solutions in Section 1.4. We conclude by giving some future research directions in Section 1.5.

## 1.2 Background

Let us first introduce the formal background notions that EMC is fed with. Any reader who is familiar with standard epistemic logic with common knowledge can skip this section.

### 1.2.1 Syntax

We assume as given from now on a countable set of atoms $\mathsf{At}$ and a finite, non-empty set of agents $\mathsf{Ag}$. The **language of multi-agent epistemic logic with common knowledge**, denoted as $\mathcal{L}$, is parametrised by both sets and it is given by the following grammar:

$$A ::= \quad p \mid \neg A \mid (A \vee A) \mid (A \wedge A) \mid (A \rightarrow A) \mid \mathsf{K}_a A \mid \mathsf{C}_\mathsf{B} A$$

where $p$ ranges over $\mathsf{At}$, $a$ ranges over $\mathsf{Ag}$, and $\mathsf{B}$ ranges over $\wp(\mathsf{Ag})$. Individual epistemic formulas $\mathsf{K}_a A$ reads "agent $a$ knows/believes that $A$" (we stick to knowledge from now on for the sake of brevity). The dual of $\mathsf{K}_a$ ($\hat{\mathsf{K}}_a =_{def} \neg \mathsf{K}_a \neg$) is interpreted as *epistemic possibility* (i.e., information that is consistent with $a$'s knowledge). So, for instance, $\mathsf{K}_a(p \rightarrow \hat{\mathsf{K}}_b q)$ reads "$a$ knows that if $p$ is the case, then $b$ considers $q$ as epistemically possible". Finally, $\mathsf{C}_\mathsf{B} A$ reads "the group of agents $\mathsf{B}$ has common knowledge that $A$".

A couple of remarks are in order. First, the notion of common knowledge is not of exclusive interest to the epistemic logic community; it also has applications in game theory and non-formal epistemology, among others. The unfamiliar reader is referred to [15] for an overview of the concept. One of the characterisations of this notion is usually given in the following terms: a group of agents commonly knows that $A$ if and only if everyone in the group knows, that everyone in the group knows... that $A$ (where ... is an infinitely long chain of 'everyone in the group knows'). Second, our focus on knowledge (instead of belief) is not philosophically innocent. In fact, there is a deep and long-standing debate within the epistemic logic community (sometimes intersecting with non-formal epistemology) about what the properties of belief of knowledge are, and whether they are inter-definable notions. Although very interesting, this debate is not strictly needed for our presentation, so we just point out to work of [2] for an overview.

### 1.2.2 Semantics

Semantically, epistemic logics are interpreted using multi-relational models, where each relation is assigned to one different agent. Formally, a **multi-agent epistemic model** for Ag and At (or just a model, for short) is a tuple $M = (W, R, V)$ where:

- $W \neq \emptyset$ represents a set of *possible worlds*;

- $R : \text{Ag} \rightarrow \wp(W \times W)$ is a function assigning an *epistemic accessibility relation* $R_a \subseteq W \times W$ to each agent $a$; and

- and $V$ is an *atomic valuation* assigning to each atom $p$ the set of worlds $V(p)$ where $p$ is true.

A pointed model is a pair $((W, R, V), w)$, where $w \in W$. Given a relation $R \subseteq W \times W$, we use $R^+$ to denote its transitive closure, i.e., the smallest (w.r.t. set inclusion) transitive relation that contains $R$. This notion plays an important role in the formal interpretation of the common knowledge operator.

Formulas are interpreted at pointed models, where they can be either true or false. We denote by $\models$ the **truth relation**, and read $M, w \models A$ as "the formula $A$ is true at the pointed model $(M, w)$" or "formula $A$ is true at world $w$ of model $M$". Let $(M, w)$ be given, the relation is defined recursively on the structure of formulas:

$$M, w \models p \quad \text{iff} \quad w \in V(p)$$
$$M, w \models \neg A \quad \text{iff} \quad \text{it is not the case that } M, w \models A$$
$$M, w \models A \vee B \quad \text{iff} \quad \text{either } M, w \models A \text{ or } M, w \models B$$
$$M, w \models A \wedge B \quad \text{iff} \quad \text{both } M, w \models A \text{ and } M, w \models B$$
$$M, w \models A \rightarrow B \quad \text{iff} \quad \text{either not } M, w \models A \text{ or } M, w \models B$$
$$M, w \models \mathsf{K}_a A \quad \text{iff} \quad (w, u) \in R \text{ implies } M, u \models A$$
$$M, w \models \mathsf{C}_\mathsf{B} A \quad \text{iff} \quad (w, u) \in \left( \bigcup_{a \in \mathsf{B}} R_a \right)^+ \text{ implies } M, u \models A$$

Give $M = (W, R, V)$ and $A \in \mathcal{L}$. We say that $A$ is globally true at $M$ iff $M, u \models A$ for every $u \in W$. See [3, Appendix A] for more details on relational semantics for epistemic logic.

**Some intuitions behind the definitions**. The formal notion of epistemic accessibility can be intuitively understood as follows, $(w, u) \in R_a$ means that, if $w$ is the real world, then $a$ considers $u$ as a candidate for the real world. As an example, think of $a$ as an agent that does not know whether Yakarta is the current capital of Indonesia, and think of $w$ as a world where Yakarta is actually the capital of Indonesia, and $u$ as a world where it is not. Then, we have that $a$ considers both $w$ and $u$ as candidates for the real world (formally, this amounts to $(w, w) \in R_a$ and $(w, u) \in R_a$). Hence, the truth clause for $K_a$ is telling us that $a$ knows that $A$ at $w$ if and only if $A$ is true in every possible world that $a$ considers as a candidate for the real world from $w$.

Finally, **model checking problems** are computational decision problems of the following shape:

    **Input.**    A finite pointed model $(M, w)$ and a formula $B \in \mathcal{L}$.
    **Query.**    Is $B$ true at $(M, w)$?

Examples will follow shortly. Let's just note now that these problems are clearly decidable (they are actually P-complete problems [4]). A simple algorithm for solving these problems works as follows: (i) it computes the subformulas of $A$, (ii) it labels each world of the model with the subformulas that are true at it, starting with atoms and proceeding incrementally with longer formulas until arriving at $A$ itself. Note that the definition of truth always uses shorter formulas on the right-hand side of each clause.

## 1.3   Features of the application

EMC is written in Javascript to improve its web performance. We have used the Tree-sitter[2] tool for the syntactic handling of the formulas, as well as the Cytoscape[3] library for graph visualization.

In short, our application permits the student to:

1. Introduce models using a straightforward set-theoretic notation and automatically generate their graphical representation.

2. Introduce formulas using either (i) a simple syntax or; (ii) a virtual keyboard.

3. Query the program about a model checking the problem and get the solution in a step-by-step and explained fashion.

We believe that these three features, especially the last one, facilitate students to spot and correct their own mistakes when solving epistemic model-checking problems. Figure 1.1 provides a view of the web environment, which is a brief explanation of what each field is used for.

### 1.3.1   Input method for models

In EMC, models are introduced via .set files. The syntax for describing them is just the standard set-theoretic notation. A

Let us consider, as an example, the epistemic model for the Muddy Children problem with three kids after the first announcement is made.

---

[2]https://tree-sitter.github.io/tree-sitter/
[3]https://js.cytoscape.org/

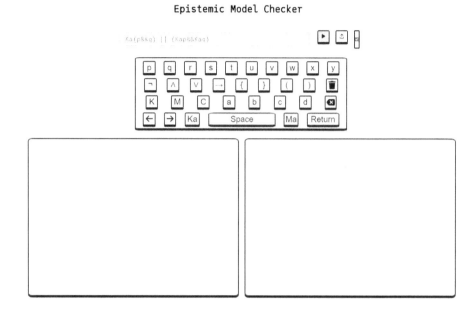

Figure 1.1: General view of EMC web app

For unfamiliar readers, the Muddy Children is a classical puzzle in the (dynamic) epistemic logic literature where a human progenitor poses to her/his offspring the problem of identifying who among them has their forehead spotted with mud. So, consider the version of the puzzle with three kids after the progenitor has declared "at least one of you has mud in her/his forehead".[4] Take $\{a, b, c\}$ as the set of the three kids, and $p$ (resp. $q$ and $r$) as the sentence "kid $a$ (resp. $b$, $c$) has his/her forehead clean". The resulting model can be introduced into EMC by creating a .set file containing the following lines:

```
1  W={w0 ,w1 ,w2 ,w3 ,w4 ,w5 ,w6}
2
3  Ra={<w0 ,w0>,<w1 ,w1>,<w2 ,w2>,<w3 ,w3>,<w4 ,w4>,
4  <w5 ,w5>,<w6 ,w6>,<w0 ,w3>,<w3 ,w0>,<w1 ,w2>,
5  <w2 ,w1>,<w4 ,w6>,<w6 ,w4>}
```

---

[4]For further details and a full solution to the problem, the curious reader is referred to [3, Appendix B].

```
 6
 7 Rb={<w0,w0>,<w1,w1>,<w2,w2>,<w3,w3>,<w4,w4>,
 8 <w5,w5>,<w6,w6>,<w0,w4>,<w4,w0>,<w3,w6>,
 9 <w6,w3>,<w2,w5>,<w5,w2>}
10
11 Rc={<w0,w0>,<w1,w1>,<w2,w2>,<w3,w3>,<w4,w4>,
12 <w5,w5>,<w6,w6>,<w0,w1>,<w1,w0>,<w2,w3>,
13 <w3,w2>,<w5,w6>,<w6,w5>}
14
15 V(p)={w0,w1,w4}
16 V(q)={w4,w5,w6}
17 V(r)={w1,w2,w5}
18
19
```

Once the .set file is loaded in EMC's graphical interface, the graphical representation shown in Figure 1.2 is automatically generated by the software.

Note that the seven worlds of the model cover all possible valuations over $\{p, q, r\}$ except the one where the three statements are false (because the previous announcement of the progenitor has excluded this possibility).

### 1.3.2 Input method for formulas

Formulas are handled by EMC through the following simple syntax:

| Input syntax | Standard notation |
|:---:|:---:|
| && | $\wedge$ |
| \|\| | $\vee$ |
| => | $\rightarrow$ |
| − | $\neg$ |
| Ka | $K_a$ |
| Ma | $\hat{K}_a$ |
| C{abc} | $C_{\{a,b,c\}}$ |

For example, $C_{\{b,c\}}\hat{K}_b(q \wedge \neg K_a p)$ is written C{b,c} Mb (q && − Ka p)

We utilized Tree-sitter as the parser, a robust parsing framework

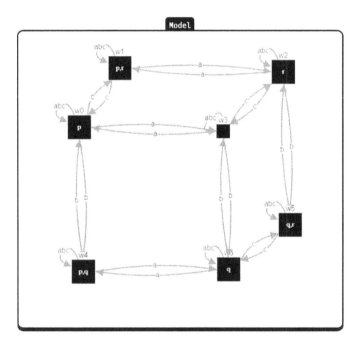

Figure 1.2: Graphical representation of the MuddyChildren scenario produced by EMC.

designed for creating and manipulating abstract syntax trees (ASTs). While primarily intended for programming language parsing, this tool can also parse text using custom CFGs (context-free grammars[5]). The resulting AST serves not only for syntax verification but also for extracting information. As an example, to obtain the type of a given formula, we have used the following query.

```
 1   (formula
 2      operator:(or))@or_formula
 3   (formula
 4      operator:(and))@and_formula
 5   (formula
 6      operator:(iff))@iff_formula
 7   (formula
 8      operator:(know))@know_formula
 9   (formula
10      operator:(eq))@eq_formula
11   (formula
12      operator:(not))@not_formula
13   (atom) @atom_formula
```

### 1.3.3   Step-by-step display of the algorithm

Once the user queries the program whether a formula is true in a model, she gets the solution for each world, together with a brief explanation for each of them. Following the example, if we query EMC about the semantic status of $C_{Ag}(\neg p \vee \neg q \vee \neg r)$ (informally, it is common knowledge among the kids that at least one of them has a dirty forehead), then we will obtain the answer depicted in Figure 1.3. Moreover, the user also gets a list of graphs, each of them corresponding to one step of the model-checking algorithm. For instance, the graph corresponding to the third step of our example, where all Boolean subformulas of the queried formulas have already been evaluated in the model, is shown in Figure 1.4.

---

[5]The used grammar can be checked in Github

```
The formula C{abc}(-p||-q||-r) is true in the model

The formula C{abc}(-p||-q||-r) is true in w0 because the group of agents
a,b,c commonly access to w0,w3,w4,w1 and -p||-q||-r is true in
this/these worlds.

The formula C{abc}(-p||-q||-r) is true in w1 because the group of agents
a,b,c commonly access to w1,w2,w0 and -p||-q||-r is true in this/these
worlds.

The formula C{abc}(-p||-q||-r) is true in w2 because the group of agents
a,b,c commonly access to w2,w1,w5,w3 and -p||-q||-r is true in
this/these worlds.

The formula C{abc}(-p||-q||-r) is true in w3 because the group of agents
a,b,c commonly access to w3,w0,w6,w2 and -p||-q||-r is true in
this/these worlds.

The formula C{abc}(-p||-q||-r) is true in w4 because the group of agents
a,b,c commonly access to w4,w6,w0 and -p||-q||-r is true in this/these
worlds.

The formula C{abc}(-p||-q||-r) is true in w5 because the group of agents
a,b,c commonly access to w5,w2,w6 and -p||-q||-r is true in this/these
worlds.

The formula C{abc}(-p||-q||-r) is true in w6 because the group of agents
a,b,c commonly access to w6,w4,w3,w5 and -p||-q||-r is true in
this/these worlds.
```

Figure 1.3: Textual output of EMC

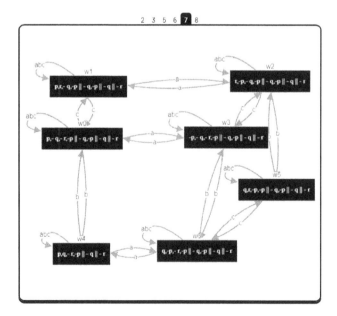

Figure 1.4: Intermediate graph for our example

## 1.4 Related work

There are many other epistemic model checkers available online. Here is a non-exclusive list of them:

- *Symbolic Model Checker for Dynamic Epistemic Logic* (SMCDEL)[6], by Malvin Gattinger and colleagues [11], is a powerful and efficient software based on the translation of (dynamic) epistemic logic model checking problems to the satisfiability problem of propositional logic (SAT), so as to make use of state-of-the-art efficient SAT solvers.

- *Model Checking Knowledge* (MCK), developed by a number of researchers from the University of New South Wales[7] (see e.g., [12] for an application). This project takes into account not only knowledge but also time and probabilistic aspects, broadening in this way the target community of users.

- *Epistemic Logic Visualiser* (ELVis)[8], by Shoshin Nomura includes the full toolkit of *Dynamic Epistemic Logic* (DEL),[9] and it additionally covers proof theoretical issues by the handling and automatic production of sequent-based proofs (see [8]).

- *DEL playground*[10], by Elliot Evans, which is in turn based on *Modal Logic Playground* by Ross Kirsling is a new and graphical epistemic model checker that also includes *public announcements* in its repertoire.[11]

---

[6]Available at https://w4eg.de/malvin/illc/smcdelweb/index.html

[7]Available at http://www.cse.unsw.edu.au/~mck/pmck/, please consult there the full list of contributors too.

[8]Available at https://nomuras.github.io/ELVis/

[9]DEL is the study of extensions of epistemic logic system with operators meant to capture different types of informational changes [3, 10, 14]

[10]Available at https://vezwork.github.io/modallogic/?model=;AS?formula=

[11]Public Announcement Logic (PAL) is the most well-known dynamic epistemic logic, first introduced by [9].

We focus our comparison of EMC with the last two programs since the other ones were developed for researchers and not for students as target users. The main advantages of ElVis and DEL playground over EMC are that:

- They include dynamic features (public announcements in the case of DEL playground, and the full power of event models in the case of ELViS);

- They allow for checking/forcing some binary property of accessibility relations; and

- They include a drawing tool for entering the model directly in a graphical setting (instead of describing it formally, as we have to do in EMC).

However, EMC has also some advantages over these two programs. First, it includes the common knowledge operator, whose formal meaning, according to our teaching experience, results in a significant challenge to undergraduate students (when compared to individual epistemic operators). More importantly, there are a couple of features that EMC has and other tools do not, and we think they are of great pedagogical relevance:

- the step-by-step decomposition of the algorithm execution together with its graphical representation; and

- the display of textual explanations for results.

As we have argued, these utilities let students not only validate their solutions but also spot, understand and self-correct their mistakes.

## 1.5 Conclusion and future steps

This chapter was devoted to the presentation EMC, a web model checker for multi-agent epistemic logic with common knowledge. We explained its main features and compared it with similar existing tools.

There are several possible directions for the future development of our model checker. Besides the inclusion of dynamic aspects and the possibility of inputting the model graphically, which we already mentioned, we consider it most important to expand the use of the tool among the target public and to gather feedback from them (perhaps in a systematic way), to adapt better the tool to their teaching-learning needs.

## Bibliography

[1] Horacio Arló-Costa, Vincent F Hendricks, Johan Van Benthem, Henrik Boensvang, and Rasmus K Rendsvig. *Readings in formal epistemology*. Springer, 2016.

[2] Guillaume Aucher. Principles of knowledge, belief and conditional belief. In Manuel Rebuschi, Martine Batt, Gerhard Heinzmann, Franck Lihoreau, Michel Musiol, and Alain Trognon, editors, *Interdisciplinary Works in Logic, Epistemology, Psychology and Linguistics: Dialogue, Rationality, and Formalism*, pages 97–134. Springer, 2014.

[3] Alexandru Baltag and Bryan Renne. Dynamic Epistemic Logic. In Edward N. Zalta, editor, *The Stanford Encyclopedia of Philosophy*. Metaphysics Research Lab, Stanford University, 2016.

[4] Tristan Charrier, François Schwarzentruber, G Bezhanishvili, G D'Agostino, G Metcalfe, and T Studer. Complexity of dynamic epistemic logic with common knowledge. *Advances in Modal Logic*, 12:27–31, 2018.

[5] Ronald Fagin, Joseph Y Halpern, Yoram Moses, and Moshe Vardi. *Reasoning about knowledge*. MIT press, 2004.

[6] Sven Ove Hansson, Vincent F Hendricks, and Esther Michelsen (editors) Kjeldahl. *Introduction to formal philosophy*. Springer, 2018.

[7] Jaakko Hintikka. *Knowledge and belief: an introduction to the logic of the two notions*. Cornell University Press, 1962.

[8] Shoshin Nomura, Hiroakira Ono, and Katsuhiko Sano. A cut-free labelled sequent calculus for dynamic epistemic logic. *Journal of Logic and Computation*, 30(1):321–348, 2020.

[9] Jan Plaza. Logics of public announcements. In M.L. Emrich, M.S. Pfeifer, M. Hadzikadic, and Z.W. Ras, editors, *Proceedings 4th International Symposium on Methodologies for Intelligent Systems*, pages 201–216. Oak Ridge National Laboratory, 1989.

[10] Johan van Benthem. *Logical dynamics of information and interaction*. Cambridge University Press, 2011.

[11] Johan Van Benthem, Jan Van Eijck, Malvin Gattinger, and Kaile Su. Symbolic model checking for dynamic epistemic logic-s5 and beyond. *Journal of Logic and Computation*, 28(2):367–402, 2018.

[12] Ron van der Meyden. Optimizing epistemic model checking using conditional independence. In J Lang, editor, *Proceedings of the Sixteenth Conference on Theoretical Aspects of Rationality and Knowledge (TARK)*, EPTCS, pages 398–414. Open Publishing Association, 2017.

[13] Hans van Ditmarsch, Joseph Y. Halpern, Wiebe van der Hoek, and Barteld Kooi, editors. London: College Publications, 2015.

[14] Hans van Ditmarsch, Wiebe van der Hoek, and Barteld Kooi. *Dynamic epistemic logic*. Springer, 2007.

[15] Peter Vanderschraaf and Giacomo Sillari. Common Knowledge. In Edward N. Zalta and Uri Nodelman, editors, *The Stanford Encyclopedia of Philosophy*. Metaphysics Research Lab, Stanford University, Fall 2022 edition, 2022.

# Capítulo 2

# Sobre unos poetas espirituales y unos jueces simpáticos de los que nunca habló F. Bacon

PEDRO J. CHAMIZO DOMÍNGUEZ
Universidad de Málaga

## 2.1 Traducción e interpretación

Aunque esto sea aplicable también a cualquier traducción de forma general, una de las paradojas a los que nos puede abocar la traducción de un texto filosófico radica en que, por una parte, el recurso a una traducción se presenta como inexcusable para cualquiera que no tenga acceso a la lengua original en que el texto en cuestión ha sido escrito. Pero, por otra parte, el hecho mismo de traducir un texto conlleva también la inexcusable tarea de interpretarlo, sea esta interpretación hecha de forma consciente o inconsciente por parte del traductor. Esta situación paradójica, que está presente en la traducción de cualquier tipo de texto, se hace especialmente problemática cuando de lo que se trata es de traducir un texto filosófico que, para más inri, ha podido ser escrito con varios siglos de antelación al momento en que se traduce.

Por lo demás, cuando leemos un texto traducido, damos por sentado que esa traducción se ha hecho desde la lengua en que originalmente ese texto fue escrito. De manera que, en principio, las posibles interferencias o desajustes que se puedan apreciar en el texto de la lengua término pueden ser achacables a la índole y características particulares de la lengua origen. Si esto es así, a alguien que lea un texto traducido y conozca la lengua desde la que ha sido traducido, le estará permitido postular razonablemente cuál pueda ser la palabra o frase de la lengua origen que ha dado como resultado una palabra o frase que desentona o resulta chocante en el texto de la lengua término. Esto hace que, si se coteja la palabra o frase en cuestión con la palabra o frase originales, esté permitido postular una hipótesis explicativa que dé razón de la interpretación concreta que ha hecho el traductor de entre varias interpretaciones que, en principio, parecen razonables en la medida en que son congruentes con el texto de la lengua origen. Este es el caso, por ejemplo, de las dos traducciones existentes al inglés de una aseveración con la que Ortega, en «Miseria y esplendor de la traducción», describe precisamente la faena del traductor:

(1) «Vencerá en él [el traductor] la pusilanimidad y en vez de contravenir los **bandos gramaticales** hará todo lo contrario: meterá al escritor traducido en la prisión del lenguaje normal» [18, p. 434. Negritas mías.]

Es obvio que, al usar en (1) la colocación 'bandos gramaticales', Ortega está recurriendo a una metáfora originalmente suya y, por tanto, novedosa en la medida en que no pertenece al registro normal de los hablantes del castellano. De acuerdo con esta metáfora, las normas gramaticales serían algo parecido a las órdenes o proclamas emanadas de alguna autoridad. Y (1) se ha traducido al inglés dos veces:

(1.1) «Cowardliness will conquer him, and instead of violating **grammatical edict**, he will do entirely the opposite: he will place the translated author in the prison of normal language» [19, p. 19, Negritas mías.]

(1.2) «He will be ruled by cowardice, so instead of resisting **grammatical restraints** he will do just the opposite: he will place the translated author in the prison of normal expression» [20, p. 50. Negritas mías.]

En (1.1), al verter 'bandos gramaticales' por grammatical edict, el traductor se ha limitado a mantener la metáfora del texto de la lengua origen, renunciando así a cualquier interpretación adicional a la requerida por la metáfora original de Ortega. Por el contrario, la traductora de (1.2) ha llevado a cabo un proceso interpretativo en el que se ha ocultado la metáfora orteguiana original y esta se ha sustituido por una colocación donde los dos términos están siendo usados de acuerdo con sus significados literales: grammatical restraints. Y esto conlleva ya una interpretación adicional que hace la traductora con respecto al texto de la lengua origen, puesto que la idea de atentar contra las normas gramaticales se ha convertido en un mero «(often restraints) — a measure or condition that keeps someone or something under control» [21, S.v. *restraint*]. De manera que, un lector de (1.2) que no conozca ni (1) ni (1.1), no podrá sospechar nunca que Ortega había recurrido a una metáfora novedosa allí donde ese lector tiene ante sí una expresión literal. Y un lector, que no conozca ni (1) ni (1.1), no podrá imaginarse tampoco que la metáfora del texto orteguiano original ha sido sustituida por una expresión literal, porque, en (1.2), no hay nada extraño o chocante. Esto es, si bien es cierto que, en (1.2), hay una interpretación de lo dicho en

(1), no es menos cierto que el texto de la lengua término tiene sentido y bien hubiera podido acontecer que Ortega hubiese usado términos como 'restricciones', 'cortapisas', 'limitaciones' o 'impedimentos', de los cuales el sustantivo inglés restraints usado en el texto traducido sería un sustituto sinonímico razonable y plausible.

Pero hay veces en que el proceso interpretativo que ha llevado a cabo un traductor determinado ha dado lugar a un texto que resulta, cuando menos, extraño para un atento lector de la lengua término, bien porque resulte incongruente, bien se separe de los usos lingüísticos normales en la lengua término, bien por cualquier otra razón. En estos casos, al lector del texto de la lengua término le estará permitido, bien cotejar el texto traducido con el original –si tiene capacidad para ello–, bien contrastar la traducción bajo sospecha con alguna otra traducción del mismo texto a cualquier otra lengua a la que tenga acceso. En caso de que el lector no pueda llevar a cabo estos cotejos, pudiera ser que detecte alguna incongruencia, pero no podrá aquilatar cuál sea su origen; esto es, si la incongruencia es atribuible al autor del texto original o a su traductor.

## 2.2    Unos poetas espirituales

Un caso paradigmático en que es susceptible detectar una expresión chocante en el contexto en que se produce es el del siguiente pasaje extraído de una versión al castellano de los Essays or Counsels Civil and Moral, [1] de F. Bacon:

---

[1]Esta obra y los *Essais*, de Michel de Montaigne, a cuyo título alude y evoca, son el origen del ensayismo propio de la filosofía moderna en varios sentidos: 1) por su intuición filosófica de partida, que significa básicamente el descubrimiento del yo y el del valor cognoscitivo de la opinión; 2) por poner en entredicho cualquier principio de autoridad y, consecuentemente, cualquier saber recibido y avalado por algún principio de autoridad; 3) por tratarse de obras que se separan terminológica y metodológicamente de los cánones en que se expresaba la filosofía en la Edad Media; y 4) por estar escritas en las propias lenguas nativas de estos autores y no en la *lingua franca* de

(2) «La historia hace al hombre más prudente; la poesía lo hace más **espiritual**; las matemáticas, más penetrante; la física o filosofía natural, más profundo; la moral, más grave y más circunspecto; la retórica y la dialéctica, más contencioso y más fuerte en las disputas» [11, p. 329. Negritas mías].

En la relación que se hace, en (2), de las principales disciplinas que debía conocer un hombre culto del siglo XVI y de los beneficios intelectuales que el conocimiento de tales disciplinas podría proporcionar, no hay nada que resulte chocante –más allá del hecho de que alguien esté en desacuerdo con que sean exactamente estos los beneficios susceptibles de ser obtenidos y no cualesquiera otros. La única excepción a esto es el uso del adjetivo 'espiritual'. Y ello por cuanto que la acepción destacada en este contexto para el adjetivo castellano es la de «dicho de una persona: Muy sensible y poco interesada por lo material» [15, S.v. *espiritual*]. Y esta acepción del sustantivo castellano se corresponde exactamente con la acepción destacada del sustantivo inglés *spiritual* en tales contextos: «(of a person) not concerned with material values or pursuits» [21, S.v. *spiritual*]. Siendo las cosas así, el adjetivo castellano es perfectamente sinónimo de su cognado inglés, lo que permite que el uno pueda ser sustituido por el otro sin que varíen ni el sentido ni los valores de verdad de las proferencias en que se lleve a cabo la sustitución. Congruentemente, sería altamente razonable esperar que Bacon, en el texto inglés original de sus *Essays*, hubiese usado el adjetivo *spiritual* para calificar a los beneficios que proporciona la poesía al ser humano. Pero, si se coteja (2) con el texto inglés original, uno se percata inmediatamente de que no es

---

la época, que era el latín. Además de estas coincidencias de calado filosófico, ambas obras también coinciden en el hecho de que el texto que nos ha llegado a nosotros es el fruto de diferentes ampliaciones que el autor fue añadiendo con el transcurso de los años. Así, los *Essais*, de Montaigne, aparecieron por primera vez en 1580 y fueron ampliados en 1588 y 1595 (edición póstuma). Por su parte, los *Essays or Counsels Civil and Moral*, de F. Bacon, fueron publicados por primera vez en 1597 y ampliados en 1612 y 1625.

precisamente *spiritual* el adjetivo que escribió Bacon:

(2.1) «Histories make men wise; poets **witty**; the mathematics sub-
tile; natural philosophy deep; moral grave; logic and rhetoric able
to contend» [10, p. 253. Negritas mías].

Dado que el adjetivo *witty*, «showing or characterized by quick and
inventive verbal humour» [21, S.v. *witty*], no es sinónimo ni del inglés
*spiritual* ni tampoco del castellano 'espiritual', es obvio que el significado
referencial de lo que se dice en (2) es diferente del significado referencial
de lo que se había dicho en (2.1). Y no solo con respecto al adjetivo que
ha levantado las sospechas en primer lugar, sino con respecto a algún
que otro término más, como se revela una vez que se ha podido cotejar
(2) con (2.1).

Si bien es cierto que el adjetivo inglés *witty* no es sinónimo del adjetivo castellano 'espiritual', no es menos cierto que sí existe, al menos,
una lengua europea importante en la que el significado del cognado del
adjetivo castellano sí es sinónimo del adjetivo inglés *witty* en algunos de
sus contextos. Se trata del francés, donde el adjetivo *spirituel/spirituelle*,
además de coincidir en una de sus acepciones con los significados destacados de sus cognados inglés y castellano, tiene también el significado de
«qui a de l'esprit, qui manifeste une forme d'intelligence vive et mordan-
te, qui excelle dans l'art d'opérer des rapprochements drôles ou de manier
les idées et les mots avec une verve fine et piquante» [14, S.v. *spirituel/s-
pirituelle*]. Y esta definición de *spirituel/spirituelle* se corresponde muy
adecuadamente con la definición de *witty* citada anteriormente. De manera que es muy razonable postular la hipótesis de que bien pudiera ser
que el traductor de (2) hubiese seguido alguna traducción francesa en
la que *witty* se hubiese traducido por *spirituel*. Y, efectivamente, existe
una traducción al francés, publicada 27 años antes que la traducción al
castellano, en la que (2.1) se ha traducido exactamente como:

(2.2) «L'histoire rend un homme plus prudent, la poésie le rend plus

**spirituel**, les mathématiques plus pénétrant, la philosophie na-
turelle (la physique) plus profond, la morale plus sérieux et plus
réglé, la rhétorique et la dialectique plus contentieux et plus fort
dans la dispute» [8, p. 369, Negritas mías].

El contraste de (2) con (2.1) y (2.2) muestra ahora de forma patente
algo que, en principio, sería insospechado para un lector castellano que
no conozca la lengua francesa. No se trata ya de que el traductor al
castellano se hubiese limitado a tener en cuenta la interpretación que el
traductor al francés había hecho del texto de Bacon, sino que pura y
simplemente no había tenido en absoluto presente el texto inglés original y se había limitado a traducir al castellano desde el texto francés.
Asumiendo así las interpretaciones del texto francés, amén de dar lugar
a un problema que nunca se hubiese producido si se hubiese tenido en
cuenta el texto original de Bacon. Y el origen de este problema está en
el hecho consistente en que el adjetivo francés *spirituel/spirituelle* es un
falso amigo semántico parcial con respecto a sus cognados castellano e
inglés[2]. El hecho de que el adjetivo francés sea más polisémico que sus
cognados en castellano e inglés tiene tres características relevantes. La
primera consiste en que el adjetivo francés funciona como un hiperónimo o término superordenado con respeto al cual los adjetivos castellano
e inglés funcionan como hipónimos. Una consecuencia de esta primera
característica es que el adjetivo castellano y el adjetivo inglés siempre
podrán ser sustituidos por su cognado francés sin que cambien los sentidos o los valores de verdad de las proferencias en que se lleva a cabo
la sustitución, [3] pero no viceversa. Y, en tercer lugar y como consecuen-

---

[2]Para una clasificación y un tratamiento pormenorizado de los falsos amigos
semánticos, puede verse [12, 13].

[3]Aunque sí puede dar el caso que algunas proferencias puedan resultar ambiguas
en francés y en determinados contextos, cuando no lo serían ni en castellano ni en
inglés. Así, por ejemplo, la aseveración castellana "Hay un monje muy espiritual en
Aquisgrán cuyo nombre es Juan" no es ambigua en absoluto, como tampoco lo sería
su traducción al inglés como "There is a very spiritual monk in Aix-la-Chapelle whose

cia de las dos características anteriores, antes de traducir el adjetivo francés al castellano o al inglés, habrá que aquilatar si en el texto o en la proferencia originales el adjetivo *spirituel/spirituelle* es sinónimo, ora de *ingénieux/ingénieuse, vif/vive* o *piquant/piquante*, ora de *immatériel/immatérielle, religieux/religieuse* o *mystique*. Y justamente el hecho de que el traductor al castellano no hubiese hecho esta interpretación previa es lo que ha dado lugar a que (2) resulte un texto extraño o chocante.

Pero, además de este asunto, lo mismo el texto francés que, obviamente, el texto castellano da pie a entender que Bacon habría dicho otras varias cosas que él nunca pretendió decir. De estas divergencias quiero destacar algunas de las más relevantes [4]. La primera de ellas tiene que ver con el hecho de haber traducido el sustantivo plural inglés *histories* por el sustantivo francés *histoire* y, consecuentemente, por el castellano 'historia' (ambos adjetivos en singular), respectivamente. Y ello porque, dado que se está hablando de disciplinas intelectuales, lo más probable es que los lectores de (2) y de (2.2) entiendan que Bacon estaba refiriéndose a la «recherche, connaissance, reconstruction du passé de l'humanité sous son aspect général ou sous des aspects particuliers, selon le lieu, l'époque, le point de vue choisi» [14, S.v. *histoire*] o a la «disciplina que estudia y narra cronológicamente los acontecimientos pasados» [15, S.v. *historia*], respectivamente. Pero, en realidad, Bacon estaba usando el sustantivo *histories* con un significado que en la actualidad es arcaico y que es el que prácticamente tiene en el inglés actual el

---

name is John". Por el contrario, si imaginamos un contexto lo suficientemente opaco, la traducción literal de cualquiera de las dos aseveraciones al francés resultaría ambigua. Y ello porque la aseveración francesa "Il y a un moine très spirituel à Aix-la-Chapelle qui s'appelle Jean" puede entenderse, dado el contexto adecuado, como que existe un monje muy piadoso o místico o que existe un monje muy perspicaz, despierto o avispado en Aquisgrán.

[4]Obvio, por razones de espacio, un análisis pormenorizado de todas las divergencias detectables entre los textos castellano y francés, por una parte, y el texto inglés, por otra parte, porque algunas son meramente estilísticas, amén de que se multiplicarían excesivamente las páginas de este trabajo.

sustantivo *stories*; esto es, «an account of imaginary or real people and events told for entertainment» [21, S.v. *story*] [5]. Pero el haber vertido *histories* por *l'histoire* o 'la historia' puede conllevar un anacronismo, si entendemos que esos términos hacen referencia a una disciplina académica como significan para nosotros. Y ello porque la historia, en cuanto disciplina académica, es algo que no existe, en cuanto tal, hasta el siglo XIX y que, por tanto, no podía haber sido contemplada por Bacon. La segunda divergencia tiene que ver con el hecho de que, lo mismo en el texto francés que en el castellano, los traductores se hayan visto en la necesidad de especificar que 'filosofía natural' significa 'física', que, con su significado actual, no fue un término introducido en el francés hasta 1708 (Ver, [14, S.v. *physique²*]), y que, para el siglo XIX, ya había desbancado completamente al término 'filosofía natural' de indudable sabor escolástico [6].

---

[5] A los problemas habituales en la traducción de cualesquiera textos habría que añadir los posibles anacronismos en que se pude caer cuando se trata de traducir textos del pasado. Aunque ya desde finales del siglo XV está documentado el uso de del sustantivo history para significar el relato de los hechos del pasado, «In Middle English it was not differentiated from **story** (n.1); the sense of 'narrative record of past events' probably is first attested late 15c.» (OETD. S.v. *history*. Negritas del original], Bacon normalmente seguía usando ese sustantivo con el significado anterior, especialmente cuando lo usaba en plural, como es el caso de (2.2) y de este otro texto: «Entertain hopes; mirth rather than joy; variety of delights, rather than surfeit of them; wonder and admiration, and therefore novelties; studies that fill the mind with splendid and illustrious objects, as **histories**, fables, and contemplations of nature» [10, p. 189. Negritas mías].

[6] Aunque Bacon usa el sustantivo *physica* en su obra latina, es reacio a utilizar *physic* en su obra inglesa, prefiriendo la colocación *natural philosophy* en su lugar. La razón de esta reticencia radica en el hecho de que *physic* se usaba preferentemente para significar el arte de curar, cosa que sigue significando incluso en la actualidad: «the art of healing», amén de «medicinal drugs» [21, S.v. *physic*]. Hasta tal punto es esto cierto que, cuando Bacon usa el sustantivo para significar lo que en la actualidad se significaría con *physics*, se ve en la necesidad de explicar explícitamente su significado: «Physic (**taking it according to the derivation, and not according to our idiom for Medicine**,) is situate in a middle term or distance between Natural History and Metaphysic. For Natural History describeth the *variety of things*; Physic,

La tercera de las divergencias relevantes tiene que ver con el hecho de que *moral* se traduzca por *la morale* y 'la moral', respectivamente. Dado que en inglés el término *moral* solamente puede ser un adjetivo[7], es obvio por el contexto que, en (2.1), se ha elidido el sustantivo *philosophy* al que el adjetivo *moral* calificaría. Esto hace que, en (2.1), no haya lugar a ninguna ambigüedad y, por tanto, el texto original no sea susceptible de ninguna doble interpretación. Por el contrario, en (2) y (2.2), los términos *la morale* y 'la moral', pueden ser entendidos como adjetivos que calificarían a los sustantivos elididos *philosophie* y 'filosofía', respectivamente; pero también pueden ser entendidos como sustantivos. Esta particularidad, que acontece en francés y castellano y que no acontece en inglés donde el sustantivo equivalente sería *morals*, hace que (2) y (2.2) sean lo suficientemente ambiguos como para que se requiera un esfuerzo interpretativo por parte de los lectores de ambas traducciones. Dicho de otra manera, la opción traductológica escogida en la lengua término, unida al hecho peculiar de que un mismo término pueda entenderse como adjetivo o como sustantivo, han convertido en ambiguo a un texto que no lo era en absoluto en su redacción original. Y, en cuarto lugar, la sustitución de *logic* por *dialectique* y 'dialéctica' en (2.1) y (2), respectivamente, también da pie a una dificultad interpretativa que tampoco se daba en el texto original inglés. Efectivamente, así como el sustantivo *logic*, en el contexto de las artes liberales, es escasamente ambiguo, los sustantivos *dialectique* y 'dialéctica', amén de tener el mismo significado que el sustantivo inglés *logic*, pueden significar también, «qui concerne l'art de raisonner et de convaincre dans un débat» [14, S.v. *dialectique*] y «arte de dialogar, argumentar y discutir» [15, S.v. *dialéctica*][8]. Este hecho da pie en ambas traducciones a una complica-

---

the causes, but *variable or respective causes*; and Metaphysic, the *fixed and constant causes*» [9, p. 218. Bastadillas del original, negritas mías].

[7]Obvio el hecho de que este término pueda ser también un sustantivo, «a lesson that can be derived from a story or experience» [21, S.v. *moral*], porque la frase carecería de sentido.

[8]Aunque esta hipótesis pueda considerarse excesivamente especulativa, no es des-

ción interpretativa del pensamiento de Bacon a la que no daba pie el texto inglés original. Y ello porque, con toda probabilidad, el significado destacado actual del sustantivo 'dialéctica' es el que tiene que ver con el arte de discutir y no con el arte de inferir o deducir determinadas proposiciones de otras proposiciones establecidas anteriormente. De hecho, si traducimos (2) o (2.2) al inglés sin tener en cuenta el texto baconiano original, lo más probable es que usemos el cognado inglés *dialectic* para los sustantivos francés y español y lo que entienda un hablante inglés normal sea que ese término significa «the art of investigating or discussing the truth of opinions» o «enquiry into metaphysical contradictions and their solutions» [21, S.v. *dialectic*] y no «reasoning conducted or assessed according to strict principles of validity» o «the systematic use of symbolic and mathematical techniques to determine the forms of valid deductive argument» [21, S.v. *logic*]. Al menos si ese supuesto hablante inglés consulta el diccionario que estoy tomando como referencia.

---

razonable pensar que el traductor de (2.2), cuando sustituyó el sustantivo inglés *logic* por el sustantivo francés *dialectique*, y no por su cognado *logique*, tuviese en mente la primera de las definiciones aristotélicas de 'retórica', donde se afirma metafóricamente que la retórica es el "contracanto" o "reflejo" de la dialéctica: « ἡ ῥητορική ἐστιν ἀντίστροφος τῇ διαλεκτικῇ » (Aristóteles, *Retórica*, A, § I, 1354a 1). Por lo demás, esta primera definición aristotélica de retórica ha tenido las más variadas traducciones. Sin ánimo de exhaustividad, repárese en las siguientes: 1) «La retórica es antístrofa a la dialéctica» [6, p. 1]; 2) «La retórica es una contrapartida de la dialéctica» [5, p. 45]; 3) «Rhetoric is the counterpart of dialectic» [7, p. 97]; 4) «La retórica es correlativa de la dialéctica» [4, p. 4]; 5) «La retorica è analoga alla dialettica» [2, p. 799]; 6) «La retorica è speculare a la dialettica» [3, p. 41]; o 7) «La Rhétorique est l'analogue de la Dialectique» [1, p. 1]. Para un análisis más exhaustivo de las traducciones de las dos definiciones aristotélicas de retórica y de sus implicaciones cognitivas y filosóficas, ver [13, pp. 163-187].

## 2.3   Unos jueces simpáticos

Y, si en el listado baconiano de las artes liberales y los beneficios que proporcionan al hombre de (2), el término que resultaba chocante era el adjetivo 'espiritual', en la descripción que hace Bacon de las virtudes que deben adornar a los jueces, el adjetivo que resulta extraño –si no también chocante– va a ser 'simpático':

> (3) «Los jueces jamás deben olvidar que su oficio es *jus dicere* y no *jus dare*: es decir que su oficio es interpretar y aplicar la ley, y no hacerla o imponerla como comúnmente se dice. (. . . ) Un juez debe ser más sabio que ingenioso, más respetable que **simpático** y popular, y más circunspecto que presuntuoso. Pero ante todo debe ser íntegro, siendo ésta para él una virtud principal, y la calidad propia de su oficio» [11, pp. 353-354. Bastardillas del original, negritas mías].

Aunque, en principio, no hay nada ilógico o irracional en que Bacon afirmase que la respetabilidad del juez debe primar sobre su simpatía, el mero hecho de que aparezca en (3) el adjetivo 'simpático' resulta extraño, desde el momento en que no solemos asociar normalmente la labor de un magistrado con su sentido del humor, gracia, o donaire. En todo caso, lo que entenderá un lector de (3) no será otra cosa que, al usarse el adjetivo que se usa, se está significando alguien o algo que «que inspira simpatía» [15, S.v. *simpático/simpática*][9]. Siendo el significado destacado de 'simpatía' en este contexto el de «modo de ser y carácter de una persona que la hacen atractiva o agradable a las demás» [15, S.v. *simpatía*]. Puesto que ahora ya sabemos que la versión castellana de los *Ensayos*, de Bacon, está hecha sobre una versión francesa anterior, podemos postular razonablemente que el adjetivo castellano 'simpático' pudiese ser traducción del francés *sympathique* o alguno de sus sinónimos

---

[9]Obvio el significado de «dicho de una persona: agraciada (‖ bien parecida)» [15, S.v. *simpático/simpática*] porque carecería de sentido en el contexto de (3)

tales como pudieran ser *joli/jolie*, *amène* o *gentil/gentille*. No obstante, en lugar de esos adjetivos o cualesquiera otros sinónimos, lo que encontramos es un adjetivo muy diferente:

> (3.1) «Les juges ne doivent jamais oublier que leur office est *jus dicere* et non *jus dare*; c'est-à-dire d'interpréter et d'appliquer la loi et non de la faire, ou, comme on le dit communément, de la donner. (...) Un juge doit être plus savant qu'ingénieux, plus vénérable que **gracieux** et populaire, et plus circonspect que présomptueux. Mais avant tout il doit être intègre; c'est pour lui une vertu d'état et la qualité propre à son office»[10, p. 378. Bastardillas del original, negritas mías].

Efectivamente, en lugar de alguno de los adjetivos esperados, lo que encontramos en (3.1) es el adjetivo *gracieux*, que comparte varios significados con su cognado castellano 'gracioso/graciosa', aunque no el significado más habitual de «chistoso, agudo, lleno de donaire» [15, S.v. *gracioso/graciosa*]. Y el hecho de que entre dos cognados no se comparta al menos uno de los significados es lo que los convierte en falsos amigos semánticos parciales y, por tanto, no susceptibles de ser sustituidos el uno por el otro en cualesquiera contextos, como hemos visto que acontecía con el par 'espiritual' y *spirituel/spirituelle*. Ahora bien, comoquiera que, por estas o por cualesquiera otras razones, al traductor al castellano pudo parecerle inconveniente el haber vertido el adjetivo francés *gracieux* por su cognado castellano 'gracioso', lo sustituyó por su sinónimo 'simpático'. De manera que podemos postular razonablemente que, como en el caso analizado en la sección anterior, bien pudiera ser que haya sido la interpretación del traductor del texto de Bacon al francés la que haya dado pie al resultado chocante de la traducción al castellano y que tal interpretación no hubiese sido posible si (3) se hubiese hecho desde el texto original inglés. Para verificar este extremo nada más conveniente que cotejar las dos traducciones con el texto original inglés:

(3.2) «Judges ought to remember that their office is *jus dicere*, and
not *jus dare*; to interpret law, and not to make law, or give law.
(...) Judges ought to be more learned than witty, more reve-
rend than **plausible**, and more advised than confident. Above
all things, integrity is their portion and proper virtue» [10, pp.
265-266. Bastardillas del original, negritas mías].

De nuevo podemos comprobar que las particularidades interpretati-
vas de (3) están originadas en el texto francés de (3.1), del que el texto
castellano es deudor, pero que, con toda probabilidad, no hubiesen tenido lugar si el texto castellano hubiese sido traducido directamente del
inglés. Y ello por cuanto que el adjetivo inglés *plausible*, cuyo significado
destacado actual cuando se habla de personas es el de «(of a person)
skilled at producing persuasive arguments, especially ones intended to
deceive» [21, S.v. *plausible*][10], tuvo también el significado, ahora obsole-
to, de «acceptable, agreeable; deserving applause or approval» ([17, S.v.
*plausible*], que parece ser el más adecuado en el contexto de (3.2). Esto
es, si mi interpretación es correcta, lo que Bacon estaría recomendando a
los jueces es que deberían ser más merecedores de respeto que buscadores
de aplausos. Si el traductor al francés hubiese vertido el adjetivo inglés

---

[10]Aunque, obviamente, el traductor de (3.2) al francés no hizo esta interpretación, también tendría sentido interpretar *plausible* de acuerdo con este significado.
De acuerdo con el matiz peyorativo que tiene normalmente esta acepción, el adjetivo
inglés es un caso paradigmático y especialmente capcioso de un falso amigo semántico
parcial con respecto a sus cognados francés y castellano en la medida en que, ni el
adjetivo francés ni el adjetivo castellano, comparten este significado con el adjetivo
inglés: «En français, *plausible* signifie 'qui mérite d'être approuvé en apparence et
jusqu'à preuve du contraire'. Mais il n'a pas généralement une nuance péjorative,
tandis qu'en anglais, où, en outre, il qualifie les personnes, c'est le plus souvent le
cas. Par conséquent, *Beware of the plausible character of the word, the French equivalent for which is*: **aux belles paroles, de bon apôtre, fourbe, qui fait patte
de velours**» [16, S.v. *plausible*. Bastardillas y negritas del original]. En caso de que
se hubiese optado por esta interpretación, lo que Bacon habría querido significar, al
usar el adjetivo *plausible*, es que los jueces no deberían ser zalameros o aduladores.

*plausible* por su cognado francés *plausible* –lo cual era perfectamente posible por cuanto que el adjetivo francés tiene también el significado de «digne d'estime, qui mérite l'approbation» [14, S.v. *plausible*]–, es harto probable que no se hubiese dado lugar a los malentendidos a que da lugar (3), por cuanto que en la traducción castellana también se podría haber usado el adjetivo castellano 'plausible'[11]. Y ello porque en castellano ese adjetivo ha significado y sigue significando en la actualidad «digno o merecedor de aplauso» [15, S.v. *plausible*], significado que se ha mantenido inalterado en el *Diccionario de la Academia Española* desde la edición de 1780, donde se definía como «lo que es digno, ó merecedor de aplauso».

Pero, como en el caso de (2), también hay en (3), además del caso que resulta más llamativo a primera vista, otro par de casos –menos llamativos en un primer momento, pero no menos relevantes de cara a comprender lo que pretendió decir Bacon– cuando se contrasta la versión castellana con la versión francesa de (3.1) y la versión original inglesa de (3.2). El primero de ellos es el del adjetivo 'sabio', que en castellano puede significar, bien «dicho de una persona: Que tiene profundos conocimientos en una materia, ciencia o arte», bien «cuerdo (‖ pruden-

---

[11]Es obvio que el traductor francés tenía un serio problema para traducir a su legua el adjetivo inglés *plausible*. De hecho, Bacon lo usa otras dos veces más en sus *Essays* y en ninguno de los casos es traducido por su cognado francés. Y, dado que la traducción castellana sigue literalmente la traducción francesa, también en la versión castellana se estarán afirmando cosas muy diferentes de las afirmadas en el original inglés. Por ejemplo, «especially if it come to that, that **the best actions of a state, and the most plausible**, and which ought to give greatest contentment, are taken in ill sense, and traduced» [10, p. 124. Negritas mías], se tradujo al francés como «surtout lorsque le mécontentement général est porté au point que **les plus justes et les plus sages opérations du gouvernement**, et celles qui devraient le plus contenter le peuple, sont prises en mauvaise part et malignement interprétées» (Bacon, 1843: 272. Negritas mías). Y, como era de esperar, el texto castellano reproduce exactamente el texto francés: «sobre todo cuando el descontento general llega al extremo de que **las más sabias y justas acciones del gobierno** y las que más deberían agradar al pueblo, son mal recibidas y torcidamente interpretadas» [11, p. 97. Negritas mías].

te)» [15, S.v. *sabio/sabia*]. Esto es, Bacon podría haber estado sugiriendo
que un juez debe ser, bien una persona instruida, un erudito, especialis-
ta o experto (asumimos que en derecho), bien una persona juiciosa que
sopese detenidamente las cosas antes de emitir un veredicto o sentencia,
bien ambas cosas a la vez. Pero esta ambigüedad del texto español no es
posible en el texto francés, desde el momento en que *savant*, «qui sait
beaucoup de choses, qui a un grand savoir, une grande érudition» [14,
S.v. *savant/savante*], tiene el primer significado de su cognado español,
pero no el segundo de sus significados, cuyo valor lo ocupa el adjetivo
*sage*, «qui juge, se conduit selon la prudence, avec prudence» [14, S.v.
*sage*]. Es decir, la ambigüedad del texto castellano está originada en el
adjetivo usado en el texto francés, pero es probable que esta ambigüedad
no se hubiese producido si (3) hubiese sido traducido directamente del
original inglés, por cuanto que el adjetivo *learned*, «(of a person) ha-
ving acquired much knowledge through study» [21, S.v. *learned*]. Al no
ser ese adjetivo inglés cognado del castellano 'sabio', probablemente se
hubiese traducido por 'erudito', 'docto' o, incluso, 'instruido', 'perito' o
'documentado' con preferencia al adjetivo 'sabio'.

En tercer lugar, al haberse usado el sustantivo castellano 'calidad' en
(3), el texto resulta de difícil comprensión por cuanto que prácticamente ninguna de las 10 acepciones que lista el *Diccionario de la Academia
Española* para ese sustantivo parece encajar en este contexto. El sustantivo castellano 'calidad' traduce al sustantivo francés *qualité* de (3.1).
Pero el término francés funciona como un hiperónimo con respecto a
los sustantivos castellanos 'calidad' y 'cualidad', ya que sus significados
destacados, en función del contexto, pueden ser: 1) «caractéristique de
nature, bonne ou mauvaise, d'une chose ou d'une personne», que se correspondería con el significado del sustantivo castellano 'cualidad'; o 2)
«valeur bonne ou mauvaise d'une chose», que se correspondería con el
significado del sustantivo castellano 'calidad' [14, S.v. *qualité*]. Y justamente el hecho de que el sustantivo francés *qualité* sea cognado de dos

sustantivos castellanos diferentes es lo que lo convierte en un falso amigo semántico parcial, como otros varios que ya hemos considerado. En
teoría, uno puede imaginar una proferencia francesa en la que se use el
sustantivo *qualité* y que sea lo suficientemente ambigua como para que
no quede claro si ese sustantivo debe ser traducido al castellano por 'calidad' o por 'cualidad'. No obstante, este no parece ser el caso del texto
que estamos considerando, puesto que aquí no se está hablando de la
valía buena o mala de un juez, sino de algunas de las características,
habilidades o virtudes que deben adornar a un juez para que ejerza su
oficio de la mejor manera posible. Y, de nuevo, es harto probable que la
dificultad de interpretación de (3) se deba precisamente al hecho de ser
una traducción de (3.1) y no de (3.2). Y ello porque probablemente, la
traducción directa del sustantivo inglés usado en el texto original, *portion*, al castellano no hubiera dado lugar a esta cuestión, aunque quizás
pudiese haber dado lugar a otras distintas. Efectivamente, además de
los varios significados que el sustantivo inglés *portion* comparte con su
cognado castellano 'porción', hay, al menos, un significado que no es
compartido. Este significado es el de «(also marriage portion) — <ar-
chaic> a dowry given to a bride at her marriage» [21, S.v. *portion*]. Y es
a partir de este significado desde el que Bacon aplica metafóricamente
ese término a la que, en su opinión, es la virtud más excelente que debe
ornar a un juez. El hecho de que el traductor francés no mantuviese la
metáfora baconiana original y utilizase un término de acuerdo con su
significado literal –que, para más inri, es un falso amigo semántico parcial de dos términos castellanos– es lo que termina por hacer difícilmente
comprensible el texto castellano.

## 2.4   Conclusiones

El análisis llevado a cabo en este trabajo ha puesto de manifiesto cómo
es posible que lo que dice un texto traducido difiera de lo que dice el
texto de la lengua origen en la medida en que entre el texto de la lengua

origen y el de la lengua término haya mediado una traducción a una tercera lengua. Amén del resultado general de la divergencia de significados entre lo que dice el texto de la lengua origen y el texto de la lengua término, la interposición de una tercera lengua es la que explica determinados fenómenos semánticos y determinadas interpretaciones que no hubiesen podido darse si la traducción se hubiese hecho sin esta mediación. Entre los fenómenos que dan lugar a determinadas divergencias de significados entre el texto original y el texto traducido, en este trabajo se han documentado y analizado las siguientes:

1. La sustitución de términos usados metafóricamente en la lengua origen por otros términos que han sido usados de acuerdo con sus significados literales en la lengua término puede dar lugar a interpretaciones diferentes y afectar al significado referencial de un texto.

2. La existencia de polisemias, y sus consiguientes problemas de interpretación en la lengua término, que no hubiesen sido posibles si se hubiese llevado a cabo una traducción directa desde la lengua original en que fue escrito el texto en cuestión.

3. La existencia de falsos amigos semánticos parciales (en los casos estudiados), que no hubieran existido en otros casos.

4. Como consecuencia de lo anterior, la posibilidad de malinterpretar un texto, que no se hubiese malinterpretado si se hubiesen tenido en cuenta los términos usados en el texto en su lengua original.

5. Y, finalmente, el hecho de que el texto que tiene el lector final en sus manos no coincida, en todo o en parte, con lo que el filósofo que escribió el texto original quiso significar; lo cual, obviamente, afecta a la interpretación y comprensión de las ideas que el autor quiso mantener.

# Bibliografía

[1] Aristote. *Rhétorique-I*. Texte établi et traduit par Médéric Dufour. Les Belles Lettres, 1960.

[2] Aristotele. Retorica, in *Opere II*. Traduzione di Armando Plebe. Mondadori, 1992.

[3] Aristotele. *Retorica*. Introduzione, traduzione e commentario di Silvia Gastaldi. Carocci, 2014.

[4] Aristóteles. *Retórica*. Edición del texto con aparato crítico, traducción, prólogo y notas por Antonio Tovar. Instituto de Estudios Políticos, 1971.

[5] Aristóteles. *Retórica*. Introducción, traducción y notas de Alberto Bernabé. Alianza Editorial, 1998.

[6] Aristóteles. *Retórica*. Introducción, traducción y notas de Arturo E. Ramírez Trejo. Universidad Nacional Autónoma de México, 2002.

[7] Aristotle. *The Art of Rhetoric*. Translated with an Introduction and Notes by H. C. Lawson-Tancred. Penguin, 2004 [1991].

[8] Bacon, Francis. Essais de morale et de politique, in *Œuvres II*. Traduction revue, corrigée et précédée d'une introduction par M. F. Riaux. Charpentier, 1843.

[9] Bacon, Francis. Proficience and Advancement of Learning, Divine and Human, in James Spedding, Robert Leslie Ellis and Douglas Denon Heath (Eds.), *The Works of Francis Bacon VI*. New York/Boston: Hurd and Houghton/Taggard and Thompson, 1864a [1605].

[10] Bacon, Francis. Essays or Counsels Civil and Moral, in James Spedding, Robert Leslie Ellis and Douglas Denon Heath (Eds.),

*The Works of Francis Bacon XII.* Hurd and Houghton/Taggard and Thompson, 1864b [1597-1625].

[11] Bacon, Francis. *Ensayos de moral y de política.* Traducidos por Arcadio Roda Rivas. Imprenta de M. Minuesa, 1870.

[12] Chamizo Domínguez, Pedro J. *Pragmatics and Semantics of False Friends.* Routledge, 2010.

[13] Chamizo Domínguez, Pedro J. *Distantes en el tiempo y en el idioma: Difuminación del pensamiento y creación de contexto en la traducción de la filosofía.* Comares, 2023.

[14] CNRTL. *Centre National de Ressources Textuelles et Lexicales.* Disponible en: `https://www.cnrtl.fr/definition/`

[15] DLE. *Diccionario de la lengua española.* Disponible en `https://dle.rae.es/`

[16] Koessler, Maxime y Derocquigny, Jules. *Les faux amis ou les trahisons du vocabulaire anglais (Conseils aux traducteurs).* Librairie Vuibert, 1928.

[17] OETD. *Online Etymology Dictionary.* Disponible en `https://www.etymonline.com/`

[18] Ortega Gasset, José. «Miseria y esplendor de la traducción», en *Obras completas* V. Alianza-Revista de Occidente, pp. 431-452, 1983a [1937]).

[19] Ortega Gasset, José. «The Misery and Splendor of Translation» (Translated by Carl. R. Shirley). *Translation Review*, 13:1, pp. 18-30. 1983b.

[20] Ortega Gasset, José. «The Misery and the Splendor of Translation» (Translated by Elisabeth Gamble Miller), in Lawrence Venuti (Ed.), *The Translation Studies Reader.* Routledge, pp. 49-63.

2000.

[21] Oxford. *Oxford Dictionary of English*. Edited by Angus Stevenson. Oxford University Press, 3ª, 2010.

# Capítulo 3

# Lógica interrogativa epistémica

CLAUDIA FERNÁNDEZ-FERNÁNDEZ
Universidad de Málaga

ÁNGEL NEPOMUCENO-FERNÁNDEZ
Universidad de Sevilla

## 3.1　Introducción

De acuerdo con la perspectiva de Hintikka [5,6], desde sus comienzos la lógica se plantea como el arte del razonamiento interrogativo. Concretamente, el la analítica (Primeros y Segundos Analíticos) de Aristóteles se asume un marco dialéctico (o, al menos, interrogativo) para toda clase de inferencias, mientras que en la obra de los Tópicos se trata de identificar, y cultivar la excelencia de los juegos interrogativos, considerados el medio de todo razonamiento. Se trata, por así decir, de actualizar el método socrático que aflora en los Diálogos platónicos.

Tras el giro dinámico propiciado por el propio Hintikka, la lógica interrogativa se considera como un juego en el que el indagador (el investigador) se enfrenta a la naturaleza, a un oráculo o modelo al que se pueden plantear preguntas, aparte de la pregunta previa inicial acerca de si a partir de las premisas dadas se infiere determinada conclusión.

Organizamos el trabajo de la siguiente manera. Tras esta breve introducción, nos ocupamos de las lógicas modales; definimos la sintaxis y la semántica de un lenguaje modal proposicional, y estudiamos cómo definir los correspondientes sistemas formales. Después entraremos de lleno en el estudio de la idea de juego interrogativo como correlato de las tareas propias de la investigación científica, haciendo uso de los tableaux semánticos; incorporamos la regla de consulta, que permite ampliar el procedimiento de los tableaux. Incluimos ejemplos concretos que muestran el procedimiento interrogativo en acción. Por último relacionamos una bibliografía básica para el estudio de estos temas.

## 3.2   Lógicas modales

### 3.2.1   Sintaxis

Las lógicas modales, como extensiones de lógica clásica, pueden ser estudiadas, *mutatis mutandis*, desde el punto de vista de los juegos. Para mayor facilidad, nos centramos en un lenguaje proposicional, con operadores modales, cuya sintaxis viene dada por la regla BNF siguiente,

$$A ::= \neg A \mid A \vee A \mid A \wedge A \mid A \rightarrow A \mid \Box A \mid \Diamond A,$$

donde $\Box$ es el operador de necesidad y $\Diamond$ representa su correspondiente dual.

En caso de ocuparnos de lógica epistémica, por ejemplo, en la sintaxis habitual se partiría de lenguaje propisicional, en este caso con operadores epistémicos, a saber,

$$A ::= \neg A \mid A \vee A \mid A \wedge A \mid A \to A \mid KA \mid BA,$$

donde, además de las conectivas proposicionales, aparecen un operador de conocimiento y otro de creencia, $K$ y $B$, respectivamente. $KA$ representa "el agente conoce que $A$", mientras que $BA$ expresa que "el agente cree que $A$". No siempre se trabaja con lenguajes que contengan estos dos operadores epistémicos a un tiempo, dado que la interacción de sendos operadores no es un asunto sencillo, pues se han de tener en cuenta una variedad de perspectivas posibles. La introspección, por ejemplo, según la cual "si el agente conoce que $A$", entonces "el agente conoce que el agente conoce que $A$", es perfectamente representable en este lenguaje como la fórmula $KA \to KKA$. Ahora bien, el anidamiento de operadores, las ocurrencias de los mismos con carácter *de re* o *de dicto* respecto de las conectivas, etc. llevan a una variedad de perspectivas que requieren en cada caso discusiones que eludimos en este trabajo.

### 3.2.2 Semántica

Optamos por una semántica (kipkeana) de mundos posibles. Un *marco kripkeano* se define a partir de un conjunto de mundos: $\langle W, \Re_X \rangle$, donde $W \neq \varnothing$ es el conjunto de mundos, o estados de conocimiento, y $\Re_X$ representa una relación definida en $W$ para cada operador modal $X$ que se considere, es decir, $\Re_X \subseteq W^2$, la cual, en todo caso, es serial (y puede tener otras características —a estas relaciones se les suele llamar *relaciones de accesibilidad*—). Un *modelo* se define a partir de un marco de Kripke $\langle W, \Re_X \rangle$, $M = \langle W, \Re_X, V^P \rangle$, donde $V^P$ representa, para el conjunto $P$ de las variables proposicionales del lenguaje, la función definida con dominio en $P$ y rango en $\wp(W)$,

$$V^P \longmapsto 2^W,$$

de manera que para toda $p \in P$, $V^P(p) \subseteq W$ es el conjunto de mundos en los que $p$ es verdadera. Fácilmente $V^P$ se extiende al conjunto de toda fórmula del lenguaje (anotaremos $V$ para simplificar), de acuerdo con las siguientes cláusulas,

1. $V(\neg A) = W \setminus V(A)$ —el complementario de $V(A)$—

2. $V(A \vee C) = V(A) \cup V(C)$

3. $V(A \wedge C) = V(A) \cap V(C)$

4. $V(A \to C) = (W \setminus V(A)) \cup V(C)$

5. $V(XA) = S \subseteq W$, tal que para todo $w, s \in W$, si $w \in V(A)$ & $R_X(w, s)$, entonces $s \in S$

$X$ representa el operador de necesidad respecto a la relación de accesibilidad; su dual, el operador de posibilidad, se puede anotar como $\hat{X}$, cuya evaluación semántica es

$V(\hat{X}) = S \subseteq W$, tal que existen $w, s \in W$, $w \in V(A)$, $R_X(w, s)$ & $s \in S$.

La noción de satisfacción también se puede expresar en términos de verdad en cada mundo, de manera que dada una fórmula $A$, el modelo $M$ satisface $A$ en el mundo $s$ syss $s \in V(A)$, simbolicamente $M \models_s A$ syss $M, s \models A$ syss $s \in V(A)$. Nótese que la anterior clausula 5, en estos términos, queda establecida como

5. $M, s \models XA$ syss para cada $w \in W$ se verifica que si $\Re_X(s, w)$, entonces $M, w \models A$, mientras que $M, s \models \hat{X}A$ syss para todo $w \in W$ existe algún $s \in W$ tal que $R_X(w, s)$ & $M, s \models A$.

En el caso de los operadores epistémicos $K$ y $B$, las correspondientes relaciones de accesibilidad se suelen presentar con las siugientes características,

— $\Re_B$ es serial, es decir, para todo $s \in W$ existe un $w \in W$ tal que $\Re_B(s, w)$,

— $\Re_K$ es una relación de equivalencia, por tanto es reflexiva, simétrica y transitiva, es decir, esta relación posee las siguientes propiedades,

(a) Para todo $s \in W$, $\Re_K(s,s)$ —reflexividad—

(b) Para $s, w \in W$, si $\Re_K(s,w)$, entoncds $\Re_K(w,s)$ —simetría—

(c) Para , $s, w, t \in W$, si $\Re_K(s,w)$ y $\Re_K(w,t)$, entonces $\Re_K(s,t)$ —transitividad—.

### 3.2.3   Sistemas formales

Dado que una lógica es un conjunto de fórmulas de un lenguaje formal, para presentar la lógica epistémica se puede apelar a un conjunto de fórmulas que sean válidas en determinada clase de modelos. Así, dada la clase de los modelos kripkeanos $\mathcal{K}$ con relaciones de accesibilidad seriales para un operador modal $X$, se verifica que $\mathcal{K} \models X(A \to C) \to (XA \to XC)$. Cualquier sistema que se defina de manera que este esquemas sea válido en la clase $\mathcal{K}$ de marcos de Kripke se dice que es un *sistema normal*.

En el caso de los operadores epistémicos de conocimiento y de creencia, los correspondientes sistemas definidos para cada uno de ellos son normales, es decir que $\mathcal{K} \models K(A \to C) \to (KA \to KC)$ y $\mathcal{K} \models B(A \to C) \to (BA \to BC)$. A este respecto, Un sistema básico en relación con el operador de conocimiento $K$ cuenta con los siguientes (esquemas de) axiomas y reglas

1. Todos los de la lógica proposicional clásica

2. $K(A \to C) \to (KA \to KC)$ (normalidad)

3. $KA \to A$ (verdad de lo conocido)

4. $KA \to KKA$ (introspección positiva)

5. $\neg KA \to K \neg KA$ (introspección negativa)

6. Regla de *modus ponens*, de $A \to C$ y $A$ se infiere $C$

7. Regla de necesitación, de $A$ se infiere $KA$

Son definibles sistemas en los que se combinen los operadores de conocimiento y creencia que resultan de interés para ciertos propósitos. Tal es el caso del sistema básico **KD45**, el cual cuenta con el axioma de normalidad para el operador $K$ y, en cuanto al operador $B$, los axiomas **D** —$\neg B\bot$, consistencia de la creencia—, los de introspección positiva y negativa, $BA \to BBA$ y $\neg BA \to B\neg BA$, respectivamente—, y la regla de necesitación —de $A$ se infiere $BA$—.

Se plantean ciertas discusiones acerca de la combinación de ambos operadores. Aunque se ve razonable, por ejemplo, considerar que lo conocido es creído, expresable como $KA \to BA$, no es tan inmediato asumir que si $A$, el agente conoce que $A$ entonces el agente crea que conoce $A$, en simbolos $KA \to BKA$. A tenor del objetivo marcado en este trabajo, nos centramos en el sistema básico antes señalado y pasamos a definir el procedimiento de tableaux semánticas, por lo demás apropiado para trabajar, *mutatis mutandis* con el operador de creencia.

## 3.3   Juego interrogativo

En la lógica interrogativa se acude a la metáfora del juego, de manera que interviene un interrogador (o un investigador), podríamos decir, que se enfrenta a la naturaleza, a un oráculo o modelo del lenguaje de que se trate al que se le pueden plantear cuestiones inferenciales. Se toman como punto de partida las premisas del razonamiento en cuestión con vistas a ver si se puede justificar una conclusión. Se trata de un juego un tanto particular, en el que se dan una serie de pasos por parte del indagador y que se pueden dividir en dos clases: los movimientos inferenciales propiamente dichos, regulados por reglas lógicas, de un lado, y los movimientos interrogativos, de acuerdo una una regla interrogativa, que se establece teniendo en cuenta el concepto de presuposición, de otro.

Se trata de estrudiar una suerte de razonamiento basado en modelos, de manera que a partir de un modelo $M$ se busca representar la justificación de una demostración en tal modelo de la conclusión del razonamiento en que se trabaja. El modelo es el oráculo, jugador pasivo en el juego interrogativo, cuya única función es dar respuesta a la pregunta que plantea el indagador, según unas reglas establecidas. Presentamos las reglas que regulan los movimientos inferenciales como reglas del procedimiento (ligeramente modificado) de tablas o tableaux semánticos de Beth, mientras que la regla para dar pasos interrogativos nos permite ofrecer un correlato de las razones epistemológicas que se consideran en la investigación científica.

## 3.3.1   Presuposiciones y lógica subyacente

En [2], Corcoran se propone la noción de *lógica subyacente* de las prácticas científicas. En el desarrollo de la investigación científica se elaboran teorías, dentro del marco de una práctica científica —un paradigma científico, en términos kuhnianos—, en el cual se consideran varios presupuestos. En primer lugar, se presupone un lenguaje especializado, un fragmento del lenguaje ordinario que puede ser formalizado y la actividad de establecer que ciertos enunciados son independientes de otros presupone, a su vez, una posible reinterpretación del lenguaje en cuestión. Finalmene, se presupone la propia temática, lo que da lugar a las propias leyes, algunas de las cuales se adoptan sin ofrecer una justificación estrictamente lógica sino epistemológica. Todo ello, tomado conjuntamente, constituye en buena medida la logica subyacente de una teoría $\Theta$, no tanto en el sentido de que $\Theta$ se entienda como teoría-objeto, sino como una herramienta para el análisis de la teoría, para poder hablar de ella.

Así pues, cada teoría científica $\Theta$ es el resultado de una práctica

científica, considerada ésta como un conjunto de actividades de carácter
epistemológico, a partir de un conjunto de postulados planteados inicial-
mente, hasta la formulación final de la propia $\Theta$ como expansión de los
postulados de partida. La lógica subyacente a esto puede ser estudiada
con herramientas lógicas, por ejemplo, especificando modelos formales
representativos de las prácticas científicas, entre cuyas actividades inferenciales destacan la deducción, la inducción y la abducción. Ahora
bien, en el ámbito de la deducción, no tiene por qué ser considerada la
relación de consecuencia lógica en sentido clásico como la única posible,
sino que cabe considerar una relación de consecuencia propia de las lógicas no clásicas, entendiendo por tales no sólo a las lógicas alternativas,
sino también a las extensiones, como es el caso de la lógica epistémica,
la que adoptamos, en lo que sigue, en este trabajo.

Además, de las presuposiciones apuntadas, para definir el juego interrogativo, Hintikka insiste en el papel de la presuposición de oraciones
del lenguaje de que se trate. La cuestión se centra en dos tipos de presuposiciones en cada mundo, o estado de información, posible. Dado un
modelo kripkeano $\langle W, \Re, V \rangle$, $W \neq \varnothing$, $R \subseteq W^2$ relación de accesibilidad
epistémica —abreviatura de $\Re_K$— y $V$ la evaluación de fórmulas del len-
guaje epistémico, una presuposición proposicional en el mundo $j$ de la
fórmula $A$ no es más que la disyunción, en dicho mundo, de $A_1 \vee ... \vee A_n$,
para $n \geq 1$, siempre que $A$ sea $A_i$, $i \leq n$. Como caso particular, $A \vee \neg A$
es una presuposición proposicional de $A$ en el mismo mundo. Por otra
parte, una fórmula $A$ en el mundo $k$ tiene como presuposición epistémica
la fórmula $\hat{K}A$ en el mundo $k$, siempre que se verifique que $R(j,k)$, es
decir, $A$ en el mundo $k$ tiene como presuposición epistémica un mundo
$j$, del que $k$ es accesible, en el cual $A$ es epistémicamente posible.

### 3.3.2    Tableaux

Los tableaux para las lógicas proposicionales modales no son más que
una ampliación del procedimiento conocido para la lógica proposicional

clásica. Ahora las fórmulas que aparecen en la construcción del tableau están etiquetadas con un índice que representa al mundo (o estado de información), los cuales se rigen bien por reglas específicas de acuerdo con las características de la relación de accesibilidad o estableciendo *a priori* cuáles son tales características.

Como paso previo, se clasifican las fórmulas proposicionales en dobles negaciones, de tipo $\alpha$ y de tipo $\beta$, lo que permitirá formular más fácilmente las reglas para cada uno de estos grupos. Las siguientes tablas presentan las fórmulas de estos tipos y sus componentes $\alpha_1$, $\alpha_2$, y $\beta_1$ y $\beta_2$, respectivamente,

| $\alpha$ | $\alpha_1$ | $\alpha_2$ |
|---|---|---|
| $A \wedge C$ | $A$ | $C$ |
| $\neg(A \vee C)$ | $\neg A$ | $\neg C$ |
| $\neg(A \to C)$ | $A$ | $\neg C$ |

| $\beta$ | $\beta_1$ | $\beta_2$ |
|---|---|---|
| $A \vee C$ | $A$ | $C$ |
| $\neg(A \wedge C)$ | $\neg A$ | $\neg C$ |
| $A \to C$ | $\neg A$ | $C$ |

Para expresar que $\Gamma$ es un conjunto de premisas en el mundo $i$ y $\Delta$ son conclusiones demostrables en el mundo $j$ mediante un tableau, se anotará

| Premisas | Conclusiones |
|---|---|
| $\Gamma, i$ | $\Delta, j$ |

Es decir, una tabla semántica, o tableau, se presenta en dos partes o subtablas, la subtableau izquierda y la subtableau derecha, subtabla I y subtabla D, para abreviar. En la subtabla I se anotan consecutivamente las premisas del razonamiento que se va a analizar y en la subtabla D la conclusión. La construcción de un tableau se lleva a cabo aplicando las reglas que corresponden a cada una de estas subtablas iniciales. Las fórmulas irán etiquetadas con un índice que representa el mundo correspondiente. Las características de la relación de accesibilidad se pueden especificar mediante reglas propias ("para todo mundo $i$ existe un mundo $j$ tal que $\Re(i,j)$"; "para todo $i \in W$, $\Re(i,i)$"; etc.) o indicándolas externamente (la relación es serial; reflexiva; etc.).

Las reglas de la subtabla I son las siguientes

1. Regla de doble negación:

$$\frac{\Gamma, \neg\neg A, i \models \Delta, j}{\Gamma, A, i \models \Delta, j}.$$

2. Regla $\alpha$ ($F$ es una fórmula de este tipo):

$$\frac{\Gamma, F, i \models \Delta, j}{\Gamma, \alpha_1, \alpha_2, i \models \Delta, j};$$

es decir, se anotan en la misma subtabla los componentes de la fórmula de tipo $\alpha$ en el índice $i$.

3. Regla $\beta$ ($F$ es unafórmula de tipo):

$$\frac{\Gamma, F, i \models \Delta, j}{\Gamma, \beta_1, i \models \Delta, j \mid \Gamma, \beta_2, i \models \Delta, j};$$

en este caso se produce una subdivisión en dos de la subtabla, en la que ocurre $F$, una que continúa con $\beta_1$ y otra con $\beta_2$, en ambos casos con el subíndice $i$.

4. Regla para $K$:

$$\frac{\Gamma, KA, i \models \Delta, k; \; \Gamma, A, k \models \Delta, A, k}{A, j};$$

para todo mundo $j$ de la subtabla accesible desde $i$, es decir $\Re(i,j)$.

5. Regla para $\neg K$:

$$\frac{\Gamma, \neg KA, i \models \Delta, k}{\Gamma, \neg A, j \models \Delta, j},$$

para un mundo $j$ nuevo en la subtabla.

Nótese que para el operador dual $\hat{K}$, posibilidad epistémica, la regla será

$$\frac{\Gamma, \hat{K}A, i \models \Delta, k}{\Gamma, A, j \models \Delta, k};$$

para un mundo $j$ nuevo en la subtabla.

Para la subtabla D las reglas son como un espejo de las reglas de la subtabla I, así

1. Regla de doble negación:

$$\frac{\Gamma, i \models \Delta, \neg\neg A, j}{\Gamma, i \models \Delta, Aj}.$$

2. Regla para una fórmula $F$ de tipo $\alpha$:

$$\frac{\Gamma, i \models \Delta, F, j}{\Gamma, i \models \Delta, \alpha_1, j \mid \Gamma, i \models \Delta, \alpha_2, j};$$

3. Regla para una formula $F$ de tipo $\beta$:

$$\frac{\Gamma, i \models \Delta, F, j}{\Gamma, i \models \Delta, \beta_1, \beta_2, j}; \text{etc.}$$

Que una subtabla esté cerrada se indica con $\otimes$ o con $\bigcirc$, como en estos casos ($\lambda$ representa un literal y $\neg\lambda$ su complementario):

| | $\Gamma, \lambda, \neg\lambda, i$ | $\Delta, j$ |
|---|---|---|
| Subtabla I | $\otimes$ | – |

| | $\Gamma, i$ | $\Delta, \lambda, \neg\lambda, j$ |
|---|---|---|
| Subtabla D | – | $\otimes$ |

| | $\Gamma, \lambda, i$ | $\Delta, \lambda, i$ |
|---|---|---|
| Ambas subtablas | $\bigcirc$ | $\bigcirc$ |

A continuación presentamos dos tableaux para probar el axioma 1.

| 1 | - | $K(A \to C) \to (KA \to KC), i$ | - |
|---|---|---|---|
| 2 | - | $\neg K(A \to C), i$ | - |
| 3 | - | $KA \to KC, i$ | - |
| 4 | - | $\neg(A \to C), j$ | - |
| 5 | - | $\neg KA, j$ | - |
| 6 | - | $KC, j$ | - |
| 7 | $A, j$ | - | $\neg C, j$ |
| 8 | $\neg A, j$ | - | $C, j$ |
| 9 | $\otimes$ | - | $\otimes$ |

Nótese que se han aplicado las reglas a la subtabla D, al no haber premisas previas, con lo que la subtabla I es vacía. Como se verifica el teorema de la deducción, veamos que $K(A \to C), i \models KA \to KC, i$:

| 1 | - | $K(A \to C), i$ | - | $KA \to KC, i$ |
|---|---|---|---|---|
| 2 | - | $A \to C, i$ | - | - |
| 3 | $\neg A, i$ | - | $C, i$ | $\neg KA, i$ |
| 4 | - | - | - | $\neg A, i$ |
| 5 | - | - | - | $C, i$ |
| 6 | $\bigcirc$ | - | $\bigcirc$ | $\bigcirc$ |

En este caso, se mantiene el índice puesto que $\Re$ es reflexiva. Se observa que dadas las características de la relación de accesibilidad de los sistemas epistémicos, las demostraciones ejemplificadas no incluyen consulta a ningún modelo, por lo que estamos ante fórmulas válidas en ciertas clases de marcos kripkeanos. A continuación fijamos la regla de consulta, que se revela interesante para establecer conclusiones en modelos específicos, es decir, la demostración de una fórmula a partir de unas premisas dadas en un modelo determinado.

### 3.3.3 Juego epistémico. La regla C

En todo juego se distinguen dos clases de reglas, las reglas definitorias del juego y las reglas estratégicas. Las primeras establecen qué movimientos están autorizados en el desarrollo del juego, las segundas permiten decidir cuál es la mejor estrategia para lograr la victoria. En el juego interrogativo propuesto por Hintikka intervienen un jugador activo, el indagador, correlato del investigador, y un jugador pasivo, el oráculo al que se pueden hacer consultas. Si bien el oráculo se diseña de manera que las jugadas se hacen de acuerdo con las reglas de los tableaux, se añade una regla específica para la consulta, aunque la obtención de tableaux cerrados resulta difícil en determinados casos. La cuestión es que se trata de representar un correlato apropiado de las tareas de la investigación científica, esto es, comprobar si todos los pasos se corresponden con pasos inferenciales.

La respuesta a tal cuestión viene dada por la introducción de una regla de consulta, la regla **C**, de aucerdo con la cual el indagador puede consultar el oráculo siempre que la presuposición de la pregunta ocurra en el lado izquierdo de la subtabla. Si el oráculo tiene respuesta, entonces se agrega al lado izquierdo de la subtabla. La construcción del subtableau continúa, pero si se cierra el tableau, entonces la conclusión está probada en el modelo correspondiente.

Con objeto de preservar las conocidas reglas estructurales clásicas (reflexividad, monotonía y transitividad) y combinarlas con la consulta, se añaden dos nuevas reglas de tableaux,

1. Tautología I:

$$\frac{\Gamma, i \models \Delta, j}{\Gamma, C \vee \neg C, i \models \Delta, j}$$

2. Contradicción D:

$$\frac{\Gamma, i \models \Delta, j}{\Gamma, i \models \Delta, C \wedge \neg C, j};$$

(espejo de la precedente).

Con esta modificación de los tableaux se puede establecer una primera proposición: una fórmula $C$ se demuestra en un modelo $M$ a partir del conjunto de premisas $\Gamma$ syss cuando el modelo satisface las formulas de $\Gamma$ y todas las respuestas disponibles por el oráculo —sea éste $\Phi$—, entonces también satisface $C$. En símbolos, $\Gamma \models_M C$ syss $\Phi \cup \Gamma \models_M C$.

En el sistema interrogativo extendido, si $\Gamma \models_M C$, entonces $C$ se puede probar usando presuposiciones del tipo si-no, es decir $C \vee \neg C$. Aunque no sea una demostración en sentido estricto, en el caso de la premisa $XA$ y la posible conclusión $\hat{X}C$, se verifica que para un modelo específico $M$, $XA \models_M \hat{X}C$, puesto que el tableau

| $XA$ | $\hat{X}C$ |
|---|---|

así como el tableau

| $XA$ | $\hat{X}C$ |
|---|---|
| $\hat{X}C \vee \neg \hat{X}C$ | - |

está cerrado (cuestión si-no y monotonía).

Cabe observar sobre las estrategias que la clase de todas las presuposiciones de una fórmula contiene fórmulas que son estrategias ganadoras, en el sentido de que llevan al cierre del correspondiente tableau. En realidad, a la hora de construir un tableau, para continuar cada subtabla, se debe indicar antes qué regla elegir con vistas a obtener un cierre (si ello es posible). Por ejemplo, si tenemos que aplicar las reglas en una gama de fórmulas, entre las que las hay de varias clases, la prioridad en la subtabla I debe ir en en este sentido: 1) dobles negaciones; 2) fórmulas $\alpha$; 3) fórmulas $\beta$; en su caso, fijar el mejor momento para las consultas, la introducción de tautología I, etc.

Un resultado interesante, que solo enunciamos, es que en un juego interrogativo, asumiendo la existencia de respuestas por parte del oráculo, hay una estrategia óptima para obtener el cierre del tableau correspondiente.

### 3.3.4 Ejemplos

Para constatar la utilidad del método interrogativo en el estudio de la lógica subyacente de una práctica científica, con herramientas propias de las lógicas modales, en particular de sistemas epistémicos o doxásticos, examinamos algunos ejemplos de demostración de fórmulas en el marco de un modelo dado.

Consideremos el modelo kripkeano $M$ indicado en el diagrama

$$\bullet 0 \longrightarrow \bullet 1 \longrightarrow \bullet 2$$
$$\neg p \qquad p \qquad p.$$

Planteada la cuestión inicial $¿\hat{X}p, 0 \models_M \quad Xp, 1?$, la siguiente tabla está cerrada y, en consecuencia, la respuesta final es positiva.

| 1 | $\hat{X}p, 0$ | $Xp, 1$ |
|---|---|---|
| 2 | $p, 1$ | $p, 2$ |
| 3 | $(p \vee \neg p), 2$ | - |
| 4 | $\mathbf{C} : p, 2$ | - |
| 5 | $\bigcirc$ | $\bigcirc$ |

Nótese que por el efecto espejo en la subtabla D, hay que introducir un índice nuevo en el nivel 2; por la regla de tautología I introducida en el nivel 3, es posible preguntar al oráculo (nivel 4), dando éste como respuesta que $p$ es verdadera en el índice 2. Finalmente se obtiene el cierre.

En el mismo modelo indicado $M$, en relación con el operador doxástico $B$, vemos cómo $Bp, 0 \models_M p, 2$, puesto que la tabla siguiente está cerrada:

| 1 | - | $Bp, 0$ | - | $p, 2$ |
|---|---|---------|---|--------|
| 2 | - | $p, 1$ | - | - |
| 3 | - | $p \vee p, 2$ | - | - |
| 4 | $p, 2$ | - | $\neg p, 2$ | - |
| 5 | - | - | $\mathbf{C} : p, 2$ | - |
| 6 | $\bigcirc$ | - | $\bigcirc$ | $\bigcirc$ |

Con este formato de sistema interrogativo se pueden representar inferencias de carácter abductivo. Seguimos con el mismo modelo ligeraente modificado:

$$\curvearrowright \qquad \curvearrowright \qquad \curvearrowright$$

$$\bullet 0 \longrightarrow \bullet 1 \longrightarrow \bullet 2$$

$$\neg p, \neg q \qquad p, q \qquad p, q.$$

en el cual se plantea un problema abductivo. Contamos con una "teoría base" según la cual $B(p \to q), 0$ es el caso y surge el hecho sorprendente $Bq, 0$. Nótese que el carácter sorprendente radica en que el agente no espera que $Bp, 1$ sea una consecuencia logica —según sea la lógica sbyacente correspondiente— de la premisa. Tomadas como raíz la premisa y el hecho sorprendente, sea el tableau:

| 1 | - | $B(p \to q), 0$ | - | $Bp, 1$ |
|---|---|---|---|---|
| 2 | - | $Bq, 0$ | - | $p, 2$ |
| 3 | - | $p \to q, 1$ | - | - |
| 4 | - | $q, 2$ | - | - |
| 5 | - | $p \vee \neg p, 2$ | - | - |
| 6 | $p, 2$ | - | $\neg p, 2$ | - |
| 7 | - | - | $\mathbf{C} : p, 2$ | - |
| 8 | $\bigcirc$ | - | $\bigcirc$ | $\bigcirc$ |

Se obtiene la solución al problema abductivo, la cual se prueba partir de la teoría (la premisa indicada) en el modelo $M$ señalado. En efecto, de acuerdo con el desarrollo del tableau $B(p \to q), 0; Bq, 0 \models_M Bp, 1$.

Seguimos con el mismo modelo, nos planteamos si $K\hat{K}p, 0 \models_M \hat{K}Kp, 0$ y resulta el tableau

| 1 | - | $K\hat{K}p, 0$ | - | $\hat{K}Kp, 0$ |
|---|---|---|---|---|
| 2 | - | $\hat{K}p, 0$ | - | $Kp, 0$ |
| 3 | - | $p, 1$ | - | $Kp, 1$ |
| 4 | - | $p \vee \neg p, 2$ | - | $p, 2$ |
| 5 | $p, 2$ | | $\neg p, 2$ | - |
| 6 | - | - | $\mathbf{C} : p, 2$ | - |
| 7 | $\bigcirc$ | - | $\bigcirc$ | $\bigcirc$ |

Con estas mismas fórmulas, si no se aplica la regla $\mathbf{C}$, en el tableau corresondiente se generaría una subtabla que se extiende indefinidamente, como se muestra a continuación.

| 1 | $K\hat{K}p, 0$ | $\hat{K}Kp, 0$ |
|---|---|---|
| 2 | $\hat{K}p, 0$ | $Kp, 0$ |
| 3 | $p, 1$ | $Kp, 1$ |
| 4 | $\hat{K}p, 1$ | $p, 2$ |
| 5 | $\hat{K}p, 2$ | $Kp, 2$ |
| 6 | $p, 3$ | $p, 4$ |
| $n$ | $\vdots$ | $\vdots$ |

De acuerdo con las reglas de los tableaux, en la subtabla I, en el nivel 3, dado que el nodo procede de 2, debe aparecer un índice nuevo, lo cual hace que tengamos que volver, por así decir, a la premisa y afirmar lo conocido para tal índice; el proceso se repite indefinidamente. En la subtabla D el proceso es similar, con lo que no se encuentra una misma fórmula compartiendo índice en las dos subtablas y, por tanto, no hay posibilidad de cierre. En definitiva, a la cuestión ¿$K\hat{K}p, 0 \models \hat{K}Kp, 0$? El procedimiento estándar de tableaux no ofrece respuesta. Ahora bien, sea el modelo $M$ representado en el diagrama

$$\begin{array}{ccc} \curvearrowright & \curvearrowright & \curvearrowright \\ \bullet 0 \longleftrightarrow \bullet 1 \longleftrightarrow \bullet 2 \\ \neg\neg p & p & \neg p. \end{array}$$

En este modelo tenemos $M, 0 \models K\hat{K}p, 0$ pero $M, 0 \not\models \hat{K}Kp, 0$, por lo que $M, 0 \models \neg\hat{K}Kp, 0$; es decir, $K\hat{K}p, 0 \models_M \neg\hat{K}Kp, 0$, como se constata mediante el procemiento interrogativo:

| 1 | - | $K\hat{K}p, 0$ | - | $\neg\hat{K}Kp, 0$ |
|---|---|---|---|---|
| 2 | - | $\hat{K}p, 0$ | - | $K\hat{K}\neg p, 0$ |
| 3 | - | $p, 1$ | - | $\hat{K}\neg p, 2$ |
| 4 | - | $p \vee \neg p, 2$ | - | $\neg p, 2$ |
| 5 | $p, 2$ | - | $\neg p, 2$ | - |
| 6 | $\mathbf{C} : \neg p, 2$ | - | - | - |
| 7 | $\otimes$ | - | $\bigcirc$ | $\bigcirc$ |

En la subtabla D, en el paso de la línea 1 a la 2, se aplican las reglas de tableaux derivadas

$$\frac{\neg KA}{\hat{K}\neg A}; \text{ y } \frac{\neg\hat{K}A}{K\neg A}.$$

# Nueva etapa

*En el momento de la jubilación de Alfredo Burrieza, que no es más que el punto de partida de una nueva etapa en su quehacer en temas de lógica, participamos muy gustosos en este homenaje con un trabajo de lógica aplicada a estudios de carácter epistemológico, como muestra de uso de herramientas propias de las lógicas no clásicas en los estudios filosóficos, entendidos estos en un sentido amplio.*

# Agradecimientos

Agradecemos a Alfredo Burrieza su constante apoyo a nuestras tareas académicas y habernos honrado con su amistad todos estos años. Asimismo, a Carlos Aguilera, Antonio Yuste, Manuel Ojeda y Emilio Muñoz, de la Universidad de Málaga, por haber hecho posible este más que merecido homenaje.

# Bibliografía

[1] J. van Benthem. *Logical Dynamics of Information and Interaction.* Cambridge University Press, 2011.

[2] J. Corcoran. "Aristotle Natural Deduction Syste", in J. Corcoran (ed.): *Ancient Logic and its Modern Interpretations*, Reidel P. Co., 86-131, 1974.

[3] B. C. van Fraassen. "Logic and the Philosophy of Science", *Journal of the Indian Council of Philosophical Research* 27: 45-66, 2011.

[4] R. Goré, "Tableau methods for modal and temporal logics", en *Handbook of Tableau Methods.* M. D'Agostino et al. eds, Kluwer, 297-396, 1999.

[5] J. Hintikka. *Logic, Language-Games and Information*, Clarendon Press, 1973.

[6] J. Hintikka. *Inquiry as Inquiry: A Logic of Scientific Discovery*, Jaakko Hintikka Selected Papers vol. 5, Kluwer, 1999.

[7] A. Nepomuceno. "Scientific explanation and modified semantic tableaux", en *Logical and Computational Aspects of Model-Based Reasoning.* Kluwer Applied Logic Series, 25, 181-198.

[8] Ch. S. Peirce. "Deduction, Induction and Hyothesis", in N. Houser & C. Kolesel (eds.): *The Essential Peirce. Selected Philosophical Writings*, vol. 1: 186-199. R. Singleton, Jr. & B. C. Straits (1999): *Approaches to Social Research*, 3rd ed., Oxford University Press, 1991.

[9] G. Priest. *An Introduction to Non-Classical Logic.* 2nd edn. Cambridge University Press, 2008.

# Capítulo 4

# *Conciencia-de* y *conciencia-de-que*: su combinación y dinámicas

CLAUDIA FERNÁNDEZ-FERNÁNDEZ
Universidad de Málaga

FERNANDO R. VELÁZQUEZ-QUESADA
Universitetet i Bergen

## 4.1 Introducción

Las distintas soluciones al problema de la omnisciencia lógica [14, 24] proponen marcos para modelar el conocimiento de *agentes 'reales'* con habilidades de razonamiento limitadas. Una estrategia exitosa ha consistido en dividir el conocimiento en *explícito* (lo que un agente 'real' tiene) e *implícito* (lo que un agente ideal con recursos ilimitados podría obtener). Una propuesta próspera que siguió esta estrategia fue la *lógica de la conciencia* (*awareness logic*) [7]. Proponen que para que un agente 'real' conozca explícitamente $\varphi$, $\varphi$ no solo tiene que ser parte de sus alternativas epistémicas (como en la lógica epistémica estándar), sino que también tiene que ser *consciente de* $\varphi$. Diversas aplicaciones de esta idea de fondo en filosofía, ciencias de la computación y economía dan muestra de su utilidad (véase, por ejemplo, el capítulo detallado en el manual [20]).

Aún así, el concepto de 'conciencia' (*awareness*) se presta a múltiples interpretaciones (cf. [5]): el agente puede ser *consciente-de* $\varphi$, i.e., puede considerar $\varphi$ sin mostrar ninguna actitud a favor o en contra, o puede ser *consciente-de-que* $\varphi$ es el caso, significando esto que reconoce la verdad de $\varphi$. De esta forma, la *falta* potencial de conciencia es doble: la falta de *conciencia-de* (*awareness of*) representa agentes que, aunque no sean conscientes de todas las posibilidades, siguen siendo ideales (omniscientes) en lo que respecta a la información que consideran (véase, p.ej., el original [7], y también [13, 12]); mientras que la falta de *conciencia-de-que* (*awareness that*) muestra agentes que, mientras que consideran todas las posibilidades relevantes, puede que nos sean capaces de percatarse de que una determinada $\varphi$ es el caso, pese a tener suficiente información explícita como para deducirla (véase, p. ej., [15, 31]).

En un trabajo previo, [9], se proponía un marco teórico donde el conocimiento viene dado por la combinación de *conciencia-de* y *conciencia-de-que*[1], separando así el mero hecho de considerar una información (ser *consciente-de* $\varphi$; una cuestión de la atención) de reconocer que una determinada información es, de hecho, el caso (ser *consciente-de-que* $\varphi$ se sostiene; teniendo algún tipo de evidencia para ello). El diagrama en Figura 4.1 muestra esta configuración, donde la combinación de *conciencia-de* y *conciencia-de-que* da lugar a más conceptos epistémicos. Mientras que la elipse sólida del centro contiene aquello de lo que el agente es consciente-de-que, la elipse de trazos de la derecha incluye de lo

---

[1]Cf. la propuesta de [11].

que el agente es consciente-de. Ahora surgen dos nuevas 'grandes áreas': las consecuencias lógicas de aquello de lo que el agente es consciente-de-que (la gran elipse de puntos de la izquierda) y toda la información verdadera de la que el agente podría volverse consciente-de (el dominio completo). La primera podría verse como el conocimiento implícito del agente tras acciones de inferencia deductiva (lo que reconocería como verdadero tras haber realizado todas las inferencias deductivas posibles); lo segundo se puede interpretar como la información implícita del agente tras acciones de volverse consciente (lo que podría considerar si se volviera consciente-de todas las posibilidades relevantes). Las regiones que quedan delimitadas por estas elipses se definen en el texto junto al diagrama.

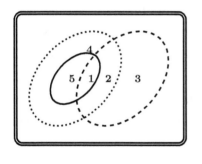

**1 -** De lo que el agente es consciente-de y consciente-de-que (i.e., lo que sabe explícitamente).

**2 -** Lo que el agente considera, no ha reconocido como verdad, pero hará tras un razonamiento deductivo.

**3 -** Lo que el agente considera, no ha reconocido como verddero y está fuera del alcance del razonamiento deductivo.

**4 -** Lo que el agente podría deducir si se volviera consciente-de toda su información.

**5 -** Lo que el agente ha reconocido como verdadero pero no está considerando en este momento.

Figura 4.1: Combinando *conciencia-de* y *conciencia-de-que*.

Este artículo propone un marco lógico que capture estas nociones intuitivas así como las acciones epistémicas más importantes que puedan afectarles. El objetivo principal es proporcionar un enfoque ligeramente distinto para modelar el conocimiento de agentes 'reales', a la vez que mostrar cómo esos agentes siguen siendo racionales: podrían realizar acciones para cambiar (y, a veces, mejorar) su información. La propuesta comienza (Sección 4.2) aportando un modelo formal en el que se representan ambas nociones de conciencia. Continúa (Sección 4.3) con un análisis de las propiedades que tienen estos conceptos epistémicos y otros derivados (fundamentalmente el de *conocimiento explícito*) en esta representación. La última parte (Sección 4.4) se centra en la representación de las diversas acciones epistémicas y el modo en que afectan a la información del agente. Sección 4.5 resume la propuesta, listando también trabajos en curso y futuros.

## 4.2   Definiciones básicas

Esta sección propone un sistema lógico que representa el conocimiento explícito como la combinación de la *conciencia-de* y la *conciencia-de-que*. Con respecto a la semántica, la propuesta usa modelos de vecindad ([21, 17]; véase [3, Chapter 7] y [18] para una presentación moderna) que contienen, adicionalmente, un conjunto de proposiciones atómicas (cf. [7]) llamado el conjunto de conciencia atómica. Por un lado, en el modelo de vecindad, la función de vecindad asigna a cada mundo un conjuntos de mundos posibles, siendo cada uno de ellos una representación semántica de una de las fórmulas que el agente ha aceptado/reconocido como verdadera. Por otro lado, los elementos del conjunto de conciencia atómica se entienden como aquellos átomos de los cuales el agente es consciente-de en este momento, definiendo así su lenguaje actual.

En este texto, sea P un conjunto numerable no vacío de proposiciones atómicas.

**Definición 4.2.1** (Modelo de vecindad con conciencia)**.** *Un* modelo de vecindad con conciencia *(MVC) es una tupla* $M = \langle W, N, V, A \rangle$ *en la cual (**i**)* $W$, *también denotado como* $\mathcal{D}_M$, *es un conjunto no vacío cuyos elementos son llamados* mundos posibles*; (**ii**)* $N : W \to \wp(\wp(W))$ *es una* función de vecindad *(asignando un conjunto de conjuntos de*

*mundos posibles a cada mundo posible, con $N(w)$ llamada la* vecindad
de $w$); ***(iii)*** $V : \mathrm{P} \to \wp(W)$ *es una* evaluación atómica *(indicando los
mundos posibles en los cuales cada proposición atómica es verdadera);*
***(iv)*** $A \subseteq \mathrm{P}$ *es el* conjunto de conciencia atómica *(indicando las proposiciones atómicas de las cuales el agente es consciente-de).*

El lenguaje utilizado para describir estos modelos contiene, además
de los operadores booleanas, operadores para describir aquello de lo que
el agente es *consciente-de* ($\mathrm{A}^\circ$), aquello que ha *aceptado como verdadero*
($\mathrm{A}^\mathrm{t}$) y el estado al que se llega cuando el agente obtiene la cerradura
bajo consecuencia lógica de esto último ($[*]$).

**Definición 4.2.2** (Lenguaje e interpretación semántica). *Las fórmulas
$\varphi, \psi$ del lenguaje $\mathcal{L}$ son construidas siguiendo la regla*

$$\varphi, \psi ::= \top \mid p \mid \neg\varphi \mid \varphi \wedge \psi \mid \mathrm{A}^\circ\, \varphi \mid \mathrm{A}^\mathrm{t}\, \varphi \mid [*]\, \varphi$$

*con $p \in \mathrm{P}$. Formulas del tipo $\mathrm{A}^\circ\, \varphi$ expresan "el agente es consciente-de
$\varphi$", aquellas del tipo $\mathrm{A}^\mathrm{t}\, \varphi$ expresan "el agente es consciente-de-que $\varphi$ es
el caso", y aquellas del tipo $[*]\, \varphi$ expresan que "$\varphi$ es verdadera después
de que el agente realice todas las inferencias deductivas posibles". Dada
una fórmula $\varphi \in \mathcal{L}$, su conjunto de átomos $\mathrm{at}(\varphi)$ se define de la manera
común:*

$$
\begin{aligned}
&\mathrm{at}(\top) := \varnothing, && \mathrm{at}(\neg\varphi) := \mathrm{at}(\varphi), && \mathrm{at}(\mathrm{A}^\circ\, \varphi) := \mathrm{at}(\varphi),\\
&\mathrm{at}(p) := \{p\}, && \mathrm{at}(\varphi \wedge \psi) := \mathrm{at}(\varphi) \cup \mathrm{at}(\psi), && \mathrm{at}(\mathrm{A}^\mathrm{t}\, \varphi) := \mathrm{at}(\varphi),\\
& && && \mathrm{at}([*]\, \varphi) := \mathrm{at}(\varphi).
\end{aligned}
$$

*Dado un $MVCM = \langle W, N, V, A \rangle$ y una fórmula $\varphi \in \mathcal{L}$, la función
$\cdot^M : \mathcal{L} \to \wp(W)$ regresa la extensión de $\varphi$: el conjunto de mundos posibles de $M$ en los cuales $\varphi$ es verdadera. Esta función se define de manera
inductiva; los casos para $\top$, proposiciones atómicas y operadores boolea-
nos son estándar:*

$$
\begin{aligned}
&\top^M := W, && \neg\varphi^M := W \setminus \varphi^M,\\
&p^M := V(p), && \varphi \wedge \psi^M := \varphi^M \cap \psi^M.
\end{aligned}
$$

*En el caso de* $A^o\,\varphi$, *la fórmula es globalmente verdadera (cuando el agente es consciente-de todos los átomos en* $\varphi$) *o globalmente falsa (en caso contrario). En el caso de* $A^t\,\varphi$, *la fórmula es verdadera en aquellos mundos posibles cuya vecindad contiene* $\varphi^M$:

$$A^o\,\varphi^M := \begin{cases} W \; \textit{if } \mathrm{at}(\varphi) \subseteq A; \\ \varnothing \;\; \textit{otherwise.} \end{cases} , \; A^t\,\varphi^M := \left\{ w \in W \mid \varphi^M \in N(w) \right\}.$$

*El caso restante, la modalidad* [∗], *requiere no solo el modelo actual* $M$ *sino también su* expansión: *el modelo* $M^*$ *que se obtiene al agregar a cada vecindad su* núcleo $(\bigcap N(w))$ *y todos sus superconjuntos.*[2] [3] *Formalmente, dado* $M = \langle W, N, V, A \rangle$, *la función de vecindad* $N^*(w)$ *del modelo* $M^* = \langle W, N^*, V, A \rangle$ *se define como*

$$N^*(w) := \left\{ U \subseteq W \mid \bigcap N(w) \subseteq U \right\}.$$

*Con esto, definimos*

$$[\ast]\,\varphi^M := \varphi^{M^*}.$$

*Como será explicado más adelante (Subsección 4.3.2), en* $M^*$ *la modalidad* $A^t$ *se comporta como la modalidad* $\square$ *en modelos relacionales. Esto explica no solo la interpretación de fórmulas del tipo* [∗] $\varphi$ *sugerida anteriormente, sino también el nombre de* [∗]: *la* modalidad de cierre deductivo.

*Los conceptos de* satisfacibilidad *y* validez *se definen de la manera usual; la validez de una fórmula* $\varphi$ *se denota también de la forma estándar* (⊩ $\varphi$).

Nótese: $A^t$ viene dada por la función de vecindad $N$ (la cual es local), y $A^o$ está dada por el conjunto de conciencia atómica $A$ (que es global).

---

[2]Véase [3, Section 7.3] para una descripción y explicación más detallada de esta operación.

[3]Esta estrategia, evaluar fórmulas en modelos que resultan de modificar el actual, es típica en *lógica epistémica dinámica* (*LED*; [29, 25]).

## 4.3 Conceptos, sus propiedades y las relaciones entre ellos

El sistema presentado en la sección anterior nos permite definir de manera formal los conceptos bosquejados en la Figura 4.1. Además de la *conciencia-de* y la *conciencia-de-que*, los conceptos que se analizarán son los siguientes:

- **Conocimiento explícito** es aquello de lo cual el agente es consciente-de y que, además, ha aceptado como verdadero (es consciente-de-que):

$$\mathrm{K}_{Ex}\, \varphi := \mathrm{A}^{\mathrm{o}}\, \varphi \wedge \mathrm{A}^{\mathrm{t}}\, \varphi.$$

Siguiendo esta idea, conocimiento explícito es lo que el agente 'realmente sabe' en el momento actual.

- **Conocimiento implícito** es aquello de lo cual el agente es consciente-de y reconocerá como verdadero una vez que haya realizado toda inferencia deductiva posible:

$$\mathrm{K}_{Im}\, \varphi := \mathrm{A}^{\mathrm{o}}\, \varphi \wedge [\ast]\, \mathrm{A}^{\mathrm{t}}\, \varphi.$$

En otras palabras, conocimiento implícito es lo que el agente puede deducir a partir de lo que sabe explícitamente.

Ambos tipos de conocimiento, explícito e implícito, requieren que el agente sea consciente de la información. Cada una de esas nociones tiene una contraparte que difiere de ella tan solo en que el agente no está actualmente considerando la información (no es consciente-de). La primera, que llamaremos *conocimiento disociado*, es aquello que el agente ha aceptado como verdadero pero de lo cual no es consciente-de en este momento (o, desde otra perspectiva, aquello que se volverá conocimiento explícito tan pronto como el agente se vuelva consciente-de ello), y corresponde a la fórmula $\mathrm{K}_{Ex}^{-o}\, \varphi := \neg\, \mathrm{A}^{\mathrm{o}}\, \varphi \wedge \mathrm{A}^{\mathrm{t}}\, \varphi$. La segunda, que llamaremos *conocimiento actualmente inalcanzable*, corresponde a las consecuencias lógicas de aquello que el agente ha aceptado como verdadero, pero de lo cual no es consciente-de actualmente (o, desde otra perspectiva, aquello que podrá deducir después de volverse consciente-de lo que ha aceptado como verdadero), y corresponde a la fórmula $K_{Im}^{-o}\,\varphi := \neg\,A^o\,\varphi \wedge [*]\,A^t\,\varphi$.

El resto de esta sección discute las propiedades de estos conceptos bajo el modelo semántico dado. Nos centraremos en los dos conceptos primitivos, *conciencia-de* y *conciencia-de-que*, así como en los conocimientos explícito e implícito.

### 4.3.1   Propiedades y relaciones

*Conciencia de.* Este concepto, $A^o$, se entiende como lo que el agente *considera*, y por lo tanto concierne aquello a lo que está prestando atención. Esto implica que, por si sola, la *conciencia-de* no implica ninguna actitud hacia el valor de verdad de la información: el agente puede pensar que es verdadera, falsa, o no tener ninguna inclinación.

En términos del modelo, $A^o$ está dada por el conjunto de conciencia atómica $A \subseteq \mathsf{P}$: dado un $MVCM = \langle W, N, V, A \rangle$, el agente es consciente-de una fórmula $\varphi$ en un mundo $w \in W$ si y solo si todos los átomos que aparecen en $\varphi$ pertenecen a dicho conjunto, $\mathrm{at}(\varphi) \subseteq A$. Como consecuencia, el agente es consciente-del concepto de 'verdad':

$$\Vdash A^o\,\top.$$

Aún así, nótese: esta validez no dice que el agente *sepa* que $\top$ es verdadero en toda situación imaginable. Tan solo nos dice que el agente considera dicho concepto. La validez se cumple porque $\top$ es un símbolo primitivo del lenguaje, y que no contiene proposiciones atómicas (en particular, al ser primitivo, no es la abreviación de $p \vee \neg p$ u otra fórmula tautológica).

A pesar de ser consciente-del concepto de verdad, el agente puede no ser consciente-de fórmulas que sean válidas (i.e., verdaderas en toda situación posible):

$$\Vdash \varphi \quad \text{no implica} \quad \Vdash A^o \varphi.$$

Esto es así porque $\varphi$ podría contener átomos (e.g., $\varphi$ es $p \vee \neg p$), y no hay átomo del que el agente deba ser consciente-de (i.e., no hay átomos que deban estar en $A$). De manera similar, la conciencia-de del agente no está cerrada bajo equivalencia lógica: las fórmulas involucradas podrían contener diferentes átomos:

$$\Vdash \varphi \leftrightarrow \psi \quad \text{no implica} \quad \Vdash A^o \varphi \leftrightarrow A^o \psi.$$

Vale la pena observar que la conciencia-de del agente no viene dada por un conjunto de fórmulas (como en la lógica de la conciencia general de [7]) sino por un conjunto de átomos. Por esta razón, la conciencia está cerrada no solo bajo subfórmulas sino también bajo superfórmulas (en el caso de la conjunción el agente es consciente-de *ambas* fórmulas). De manera más precisa,

$$\Vdash A^o \neg\varphi \leftrightarrow A^o \varphi, \qquad\qquad \Vdash A^o A^o \varphi \leftrightarrow A^o \varphi,$$
$$\Vdash A^o(\varphi \wedge \psi) \leftrightarrow (A^o \varphi \wedge A^o \psi), \qquad \Vdash A^o A^t \varphi \leftrightarrow A^o \varphi,$$
$$\Vdash A^o [*] \varphi \leftrightarrow A^o \varphi.$$

Notemos lo que indican las fórmulas en la columna de la derecha. La primera indica que ser consciente-de ser consicente-de una fórmula es equivalente simplemente a se consciente-de la fórmula. Las restantes indican, parafraseando (y leídas de derecha a izquierda), que ser consciente-de $\varphi$ es equivalente a ser consciente-de ser consciente-de-que $\varphi$ es el caso (la segunda) y también equivalente a ser consciente-de $\varphi$ después de que se apliquen todas las inferencias deductivas posibles (la tercera).

Una diferencia importante entre el concepto de conciencia presentado aquí y el de [7] es que, mientras que aquí la conciencia es global (hay un solo conjunto $A \subseteq$ P), en la propuesta original la conciencia es local (hay un conjunto $A(w)$ por cada mundo posible $w$). La propuesta en el sistema multi-agente de [11] es un punto intermedio, con la conciencia del agente (también definida a partir de un conjunto de átomos) basada en los átomos que aparecen en los conjuntos de conciencia de todos los mundos que el agente considera posibles (a partir del mundo en el que se evalúe la fórmula). En esta propuesta para un solo agente, uno puede asumir que los mundos presentes en el modelo son exactamente aquellos que son relevantes para el agente. En este sentido, la conciencia representada aquí y la discutida en [11] son conceptualmente equivalentes.

***Conciencia-de-que.*** El concepto de *conciencia-de-que*, $\mathrm{A}^{\mathrm{t}}$, se entiende como lo que el agente ha aceptado/reconocido como verdadero, y por lo tanto puede ser visto como una forma de 'conocimiento explícito'. Sin embargo, aquí no se denomina de esa manera porque el agente, a pesar de haber aceptado la información como verdadera, podría no estarla considerando en este momento. En otras palabras, la información que el agente ha aceptado como verdadera puede no estar bajo consideración en este momento (el agente podría estar discutiendo otros temas), y por lo tanto puede no ser conocimiento explícito.

En términos del modelo, $\mathrm{A}^{\mathrm{t}}$ viene dada por la vecindad del mundo en el que la fórmula es evaluada.[4] De hecho, la vecindad de un mundo dado se puede entender como el conjunto de fórmulas que el agente ha aceptado como verdaderas, con la peculiaridad de que las fórmulas son representadas no de manera sintáctica (una cadena de símbolos) sino de manera semántica (el conjunto de mundos posibles en los cuales la

---

[4]Los lectores familiarizados con modelos de vecindad habrán notado que $\mathrm{A}^{\mathrm{t}}$ usa la interpretación semántica estricta. Para contrastar, la interpretación semántica flexible haría a $\mathrm{A}^{\mathrm{t}}\,\varphi$ verdadera en el mundo $w$ del modelo $M$ no solo cuando $N(w)$ contiene a $\varphi^{M}$, sino también cuando contiene a cualquiera de sus subconjuntos: $\mathrm{A}^{\mathrm{t}}\,\varphi^{M} := \{w \in W \mid$ hay un $U \in N(w)$ tal que $U \subseteq \varphi^{M}\}$. Ambas opciones se discuten en [1].

fórmula es verdadera). Por esta razón, el concepto de *conciencia-de-que* tiene una propiedad importante: está cerrada bajo equivalencia lógica:

$$\Vdash \varphi \leftrightarrow \psi \quad \text{implica} \quad \Vdash A^t \varphi \leftrightarrow A^t \psi.$$

Esto nos dice que, con respecto a las fórmulas que ha aceptado como verdaderas, el agente tiene cierto nivel de omnisciencia: al aceptar cualquier fórmula acepta también todas las que son lógicamente equivalentes a ella.[5] Sin embargo, y como se discutirá más adelante, esto no implica que el conocimiento explícito del agente esté cerrado bajo equivalencia lógica: la conciencia-de del agente le permitirá distinguir entre fórmulas que son lógicamente equivalentes.

El conjunto de fórmulas que el agente ha aceptado como verdaderas no tiene ninguna otra propiedad de cierre. En particular, y distinguiéndolo del operador de conocimiento $\Box$ en la lógica epistémica estándar (interpretada en modelos relacionales), *(i)* puede no contener algunas fórmulas válidas, *(ii)* no esté cerrado bajo introducción de la conjunción, *(iii)* ni tampoco bajo eliminación de la conjunción.

*(i)* $\Vdash \varphi$ no implica $\Vdash A^t \varphi$,

*(ii)* $\not\Vdash (A^t \varphi \wedge A^t \psi) \to A^t(\varphi \wedge \psi)$,

*(iii)* $\not\Vdash A^t(\varphi \wedge \psi) \to A^t \varphi$ y $\not\Vdash A^t(\varphi \wedge \psi) \to A^t \psi$.

Estos resultados se justifican porque una vecindad dada no esta obligada a satisfacer propiedad alguna. Por lo tanto, *(i)* puede no contener el dominio (por lo que $\mathcal{D}_M$, el conjunto de mundos en $M$ en los que las fórmulas validas son verdaderas, puede no estar en $N(w)$), *(ii)* puede no estar cerrada bajo intersecciones (por lo que $\varphi^M$, $\psi^M \in N(w)$ no implica $\varphi^M \cap \psi^M = \varphi \wedge \psi^M \in N(w)$), y *(iii)* puede no estar cerrada

---

[5]Este concepto, llamado conocimiento explícito en otras propuestas (e.g., [15, 11]), generalmente no tiene la propiedad mencionada, ya que es representado como un conjunto de fórmulas sin propiedades adicionales de cierre.

bajo superconjuntos (por lo que $\varphi \wedge \psi^M = \varphi^M \cap \psi^M \in N(w)$ no implica ni $\varphi^M \in N(w)$ ni $\psi^M \in N(w)$). En particular, la falta de cierre bajo introducción y eliminación de la conjunción implica que la *conciencia-de-que* no esté cerrada bajo *modus ponens*:[6]

$$\nVdash A^t(\varphi \to \psi) \to (A^t\,\varphi \to A^t\,\psi).$$

Por lo tanto, la *conciencia-de-que* no está cerrada bajo consecuencia lógica.

***Conciencia-de* y *conciencia-de-que*.** Existen conexiones entre los operadores $A^o$ y $A^t$, tal y como la ya mencionada propiedad $\Vdash A^o A^t\,\varphi \leftrightarrow A^o\,\varphi$ lo indica. Para lectores familiarizados con la lógica de la conciencia, el hecho de que la conciencia sea global podría sugerir una conexión adicional: que el agente 'sabe de lo que es consciente'. Ciertamente, en [7] se cumple $\Vdash A\,\varphi \to \Box A\,\varphi$ (si el agente es consciente de $\varphi$, entonces lo sabe [implícitamente]) y también $\Vdash \neg A\,\varphi \to \Box \neg A\,\varphi$ (si el agente no es consciente de $\varphi$, entonces lo sabe [implícitamente]) cuando el conjunto de conciencia es el mismo en todos los mundos posibles. Sin embargo, aquí el agente puede no aceptar como verdaderas fórmulas que lo son en todos los mundos del modelo; entonces, no necesita reconocer como verdadera fórmulas del tipo $A^o\,\varphi$ o $\neg A^o\,\varphi$, a pesar de que estas sean verdaderas de manera global.

$$\nVdash A^o\,\varphi \to A^t A^o\,\varphi, \qquad\qquad \nVdash \neg A^o\,\varphi \to A^t \neg A^o\,\varphi.$$

**Conocimiento explícito.** Como se mencionó al inicio de esta sección, $K_{Ex}$ se define como aquello que el agente ha aceptado como verdadero y de lo cual es consciente-de actualmente: $K_{Ex}\,\varphi := A^o\,\varphi \wedge A^t\,\varphi$.

---

[6]Semánticamente, una inferencia *modus ponens* se puede entender como un proceso de tres pasos: introducción de la conjunción (de $\varphi^M$ y $\varphi \to \psi^M$ a $\varphi \wedge (\varphi \to \psi)^M$), equivalencia lógica (de $\varphi \wedge (\varphi \to \psi)^M$ a $\varphi \wedge \psi^M$) y eliminación de la conjunción (de $\varphi \wedge \psi^M$ a $\psi^M$).

He aquí algunas propiedades de este concepto. Primero, puede no incluir fórmulas válidas, esto por dos razones: el agente puede no ser consciente de ellas y también puede no haberlas aceptado como verdaderas. Dado que el conocimiento explícito de una fórmula válida pueda fallar por dos razones diferentes, ninguna de ellas es, por si sola, suficiente para que el agente sepa explícitamente una fórmula válida:

$\Vdash \varphi$ no implica ni $\Vdash K_{Ex}\,\varphi$ ni $\Vdash A^{\circ}\varphi \to K_{Ex}\,\varphi$ ni $\Vdash A^{t}\varphi \to K_{Ex}\,\varphi$.

Con respecto al cierre bajo equivalencia lógica, aunque la *conciencia-de-que* tenga esta propiedad, el conocimiento explícito no la tiene, dado que el agente puede ser consciente-de una fórmula sin ser consciente-de aquellas que son lógicamente equivalentes. Por lo tanto,

$\Vdash \varphi \leftrightarrow \psi$ no implica $\Vdash K_{Ex}\,\varphi \leftrightarrow K_{Ex}\,\psi$.

Aún así, la conciencia-de es la única pieza que falta. En particular, si dos fórmulas son lógicamente equivalentes y el agente es consciente-de ambas, entonces el conocimiento explícito de la primera sí es equivalente al conocimiento explícito de la segunda:

$\Vdash \varphi \leftrightarrow \psi$ implica $\Vdash (A^{\circ}\varphi \land A^{\circ}\psi) \to (K_{Ex}\,\varphi \leftrightarrow K_{Ex}\,\psi)$.

Con respecto al cierre bajo *modus ponens*, la *conciencia-de-que* no tiene esta propiedad, y por lo tanto tampoco la tiene el conocimiento explícito:

$\nVdash K_{Ex}(\varphi \to \psi) \to (K_{Ex}\,\varphi \to K_{Ex}\,\psi)$.

En este sentido, nuestro conocimiento explícito se comporta de manera similar al conocimiento explícito de [7] (definido, recuérdese, como conocimiento implícito, $\Box\,\varphi$, más conciencia, $A\,\varphi$). Sin embargo, las propuestas difieren, ya que en nuestro caso, la conciencia-del consecuente no garantiza que el agente lo sepa de forma explícita:

$$\nVdash \mathrm{K}_{Ex}(\varphi \to \psi) \to ((\mathrm{K}_{Ex}\,\varphi \land \mathrm{A}^{\circ}\,\psi) \to \mathrm{K}_{Ex}\,\psi).$$

En otras palabras, el agente puede saber explícitamente una implicación y su antecedente, y ser consciente-de su consecuente, y aún así no saber el consecuente de manera explícita. De hecho, asumir que el agente es consciente-del consecuente no es un dato adicional: él ya es consciente de esa fórmula al saber la implicación de manera explícita. Lo que el agente necesita es darse cuenta (es decir, reconocer) que el consecuente es verdadero:[7]

$$\Vdash \mathrm{K}_{Ex}(\varphi \to \psi) \to ((\mathrm{K}_{Ex}\,\varphi \land \mathrm{A}^{\mathrm{t}}\,\psi) \to \mathrm{K}_{Ex}\,\psi).$$

Nótese cómo el agente puede reconocer que el consecuente es verdadero a través de alguna acción epistémica (Sección 4.4).

### 4.3.2   Los efectos de la operación de expansión

La operación de expansión agrega a cada vecindad su núcleo ($\bigcap N(w)$) y todos sus superconjuntos. De esta manera, la vecindad resultante contiene el dominio y está cerrada no solo bajo superconjuntos sino también bajo intersecciones. Se sabe (e.g., [3, Theorem 7.9]) que, en una vecindad con estas propiedades, el operador $\mathrm{A}^{\mathrm{t}}$ se comporta como la modalidad normal universal $\square$ de una lógica modal normal. Como se detalla a continuación, esta es la razón por la cual, cuando se encuentra en el alcance de [*], el operador $\mathrm{A}^{\mathrm{t}}$ puede entenderse como lo que el agente reconocerá como verdadero después de realizar toda inferencia deductiva posible.[8]

*Conciencia-de-que* **tras de la operación de expansión.** En una lógica modal normal, $\Vdash \varphi$ implica $\Vdash \square\,\varphi$. Entonces, como consecuencia de la operación de expansión, el operador $\mathrm{A}^{\mathrm{t}}$ adquiere esta propiedad:

---

[7]En este aspecto, el conocimiento explícito de este texto coincide con el de [11].

[8]Esta idea ya ha sido utilizada en [31, 2], aunque los detalles técnicos son ligeramente diferentes. En particular, las propuestas mencionadas no utilizan el concepto de conciencia.

el agente reconoce como verdadera toda fórmula válida:

$$\Vdash \varphi \quad \text{implica} \quad \Vdash [*] \, A^t \, \varphi.$$

Es mas: en la lógica modal normal tenemos $\Vdash (\Box \, \varphi \wedge \Box \, \psi) \leftrightarrow \Box(\varphi \wedge \psi)$. Por lo tanto, la operación de expansión hace que $A^t$ esté cerrada no solo bajo introducción de la conjunción,

$$\Vdash [*] \left( (A^t \, \varphi \wedge A^t \, \psi) \rightarrow A^t(\varphi \wedge \psi) \right),$$

sino también bajo eliminación de la conjunción,

$$\Vdash [*] \left( A^t(\varphi \wedge \psi) \rightarrow A^t \, \varphi \right) \qquad \text{y} \qquad \Vdash [*] \left( A^t(\varphi \wedge \psi) \rightarrow A^t \, \psi \right).$$

Dado que la operación de expansión es una función total (está definida para todo $MVC$, y en cada caso produce un solo resultado), la modalidad de cierre deductivo se puede distribuir sobre la implicación y la conjunción. Gracias a esto, las dos últimas propiedades pueden ser presentadas de manera más útil. En el primer caso tenemos

$$\Vdash \left( [*] \, A^t \, \varphi \wedge [*] \, A^t \, \psi \right) \rightarrow [*] \, A^t(\varphi \wedge \psi),$$

lo que nos dice que, si después de la operación el agente acepta $\varphi$ y después de la operación acepta $\psi$, entonces después de la operación acepta su conjunción. En el segundo tenemos

$$\Vdash [*] \, A^t(\varphi \wedge \psi) \rightarrow [*] \, A^t \, \varphi \qquad \text{y} \qquad \Vdash [*] \, A^t(\varphi \wedge \psi) \rightarrow [*] \, A^t \, \psi,$$

lo que nos dice que, si después de la operación el agente acepta una conjunción, entonces después de la operación el agente acepta cualquiera de sus componentes.

Esas dos últimas propiedades y el ya analizado cierre bajo equivalencia lógica hace que, bajo el alcance de $[*]$, el operador $A^t$ esté cerrado bajo *modus ponens*,

$$\Vdash [*] \left( A^t(\varphi \rightarrow \psi) \rightarrow (A^t \, \varphi \rightarrow A^t \, \psi) \right).$$

Ya que la operación es una función, tenemos entonces

$$\Vdash [*]\,\mathrm{A}^{\mathrm{t}}(\varphi \to \psi) \to ([*]\,\mathrm{A}^{\mathrm{t}}\,\varphi \to [*]\,\mathrm{A}^{\mathrm{t}}\,\psi).$$

Finalmente, la operación también afecta a lo que el agente reconoce acerca de su propia conciencia. La razón técnica por la que el agente no reconoce aquello de lo que es consciente-de es que podría no reconocer como verdaderas aquellas fórmulas que se satisfacen en todo mundo posible. Pero la operación de expansión 'corrige' esto:

$$\Vdash [*](\mathrm{A}^{\mathrm{o}}\,\varphi \to \mathrm{A}^{\mathrm{t}}\,\mathrm{A}^{\mathrm{o}}\,\varphi) \qquad \text{y} \qquad \Vdash [*](\neg\,\mathrm{A}^{\mathrm{o}}\,\varphi \to \mathrm{A}^{\mathrm{t}}\,\neg\,\mathrm{A}^{\mathrm{o}}\,\varphi).$$

La distribución de $[*]$ sobre implicaciones y el hecho de que una expansión no afecte al conjunto de conciencia (es decir, $\Vdash \mathrm{A}^{\mathrm{o}}\,\varphi \leftrightarrow [*]\,\mathrm{A}^{\mathrm{o}}\,\varphi$) nos permiten reescribir estas propiedades de la siguiente manera:

$$\Vdash \mathrm{A}^{\mathrm{o}}\,\varphi \to [*]\,\mathrm{A}^{\mathrm{t}}\,\mathrm{A}^{\mathrm{o}}\,\varphi \qquad \text{y} \qquad \Vdash \neg\,\mathrm{A}^{\mathrm{o}}\,\varphi \to [*]\,\mathrm{A}^{\mathrm{t}}\,\neg\,\mathrm{A}^{\mathrm{o}}\,\varphi.$$

**Conocimiento implícito.** Ahora que conocemos las propiedades de $\mathrm{A}^{\mathrm{t}}$ después de la operación de expansión, es momento de estudiar las propiedades del *conocimiento implícito*. Recordemos que este se define como lo que el agente tiene bajo consideración en este momento y aceptará como verdadero después de realizar toda inferencia deductiva posible, $\mathrm{K}_{Im}\,\varphi := \mathrm{A}^{\mathrm{o}}\,\varphi \wedge [*]\,\mathrm{A}^{\mathrm{t}}\,\varphi$ (o, de manera equivalente, tanto $[*](\mathrm{A}^{\mathrm{o}}\,\varphi \wedge \mathrm{A}^{\mathrm{t}}\,\varphi)$ como $[*]\,\mathrm{K}_{Ex}\,\varphi$).

Primero, el conocimiento implícito del agente puede no incluir toda fórmula válida:

$$\Vdash \varphi \quad \text{no implica} \quad \Vdash \mathrm{K}_{Im}\,\varphi,$$

Esto es así porque el agente podría no ser consciente-de todos los átomos en $\varphi$. Sin embargo, a diferencia del conocimiento explícito, la conciencia-de es lo único que puede evitar que una fórmula válida sea parte del conocimiento implícito:

$$\Vdash \varphi \quad \text{implica} \quad \Vdash A^o\,\varphi \to K_{Im}\,\varphi.$$

De manera similar, el conocimiento implícito no está cerrado bajo equivalencia lógica,

$$\Vdash \varphi \leftrightarrow \psi \quad \text{no implica} \quad \Vdash K_{Im}\,\varphi \leftrightarrow K_{Im}\,\psi,$$

tan solo porque el requerimiento de conciencia-de puede fallar. Por lo tanto,

$$\Vdash \varphi \leftrightarrow \psi \quad \text{implica} \quad \Vdash (K_{Im}\,\varphi \wedge A^o\,\psi) \to K_{Im}\,\psi.$$

Finalmente, el conocimiento implícito está cerrado bajo introducción y eliminación de la conjunción. El primero se da porque *(i)* la expansión hace que $A^t$ tenga esta propiedad, y *(ii)* ser consciente-de dos fórmulas implica ser consciente-de su conjunción:

$$\Vdash (K_{Im}\,\varphi \wedge K_{Im}\,\psi) \to K_{Im}(\varphi \wedge \psi).$$

El segundo se da porque *(i)* la expansión hace que $A^t$ tenga esta propiedad, y *(ii)* la conciencia-de está cerrada bajo subfórmulas:

$$\Vdash K_{Im}(\varphi \wedge \psi) \to K_{Im}\,\varphi \qquad \text{y} \qquad \Vdash K_{Im}(\varphi \wedge \psi) \to K_{Im}\,\psi.$$

Usando tanto el cierre bajo introducción y eliminación de la conjunción de $A^t$ como el cierre bajo subfórmulas de $A^o$, podemos ver que el conocimiento implícito está cerrado bajo *modus ponens*:

$$\Vdash K_{Im}(\varphi \to \psi) \to (K_{Im}\,\varphi \to K_{Im}\,\psi).$$

Nótense las diferencias entre el conocimiento implícito de este texto y el definido en [7]. En el texto citado, este concepto contiene toda fórmula válida y está cerrado no solo bajo *modus ponens* sino también

bajo equivalencia lógica. En este texto, puede no contener toda fórmula
válida, y a pesar de estar cerrado bajo *modus ponens*, puede no estarlo
bajo equivalencia lógica. Esto es así porque, mientras que en [7] el conocimiento implícito es la información semántica del agente (dada por el
operador modal universal □), aquí es aquello que el agente sabe de manera explícita una vez que ha realizado toda inferencia deductiva posible.
En otras palabras, en este texto, el conocimiento implícito del agente es
el cierre bajo consecuencia lógica de su conocimiento explícito.

Aún mas. En [7], lo que se necesita para que el conocimiento implícito
sea explícito es que el agente tenga esa información bajo consideración.
En otras palabras, el agente necesita un incremento de conciencia. En
esta propuesta, lo que se necesita para que el conocimiento implícito sea
explícito es que el agente reconozca esa información como verdadera. En
otras palabras, el agente necesita una inferencia deductiva.

**¿El conocimiento explícito es también implícito?.** En propuestas
que analizan los conceptos de conocimiento implícito y explícito, hay una
propiedad que es recurrente: aquello que se sabe de manera explícita
también se sabe de manera implícita. En trabajos que representan el
conocimiento de manera puramente sintáctica siendo el conocimiento
implícito el cierre bajo consecuencia lógica del conocimiento explícito
(e.g., [16]), esta propiedad se cumple porque la relación de consecuencia
lógica es reflexiva. En [7], donde el conocimiento se representa de manera
semántica, la propiedad se cumple porque el conocimiento explícito es
definido como conocimiento implícito que satisface un requisito adicional
(conciencia).

Esta propiedad, no solo natural sino aparentemente esencial, no se
cumple en la presente propuesta:

$$\nvdash K_{Ex}\,\varphi \rightarrow K_{Im}\,\varphi.$$

La razón [31] es que lo que el agente ha reconocido como verdadero en alguna etapa no tiene porqué ser reconocido como verdadero después de la operación de cerradura deductiva.

**Fact 1.** $\nVdash A^t \varphi \to [*] A^t \varphi$.

*Demostración.* Tomemos el conjunto de átomos $\{p, q\}$ y la fórmula $\varphi :=$ $\neg A^t q$. Dejando a un lado el conjunto de conciencia, consideremos el modelo $M = \langle W = \{w_1, w_2, w_3, w_4\}, N, V \rangle$, cuya evaluación atómica es $V(p) = \{w_1, w_2\}$ y $V(q) = \{w_1, w_3\}$, y con la función de vecindad dada como:

$$N(w_1) := \{\{w_1, w_2\}, \{w_1, w_3, w_4\}, W\}, \qquad N(w_2) = N(w_3) = N(w_4) := \varnothing.$$

De $A^t q^M = \varnothing$ (ninguna vecindad contiene a $q^M = \{w_1, w_3\}$) se sigue que $\neg A^t q^M = W$; entonces $\neg A^t q^M \in N(w_1)$: el agente reconoce que no ha aceptado $p$ como verdadera. Notemos, sin embargo, como también reconoce como verdaderas no solo $p$ (ya que $p^M = \{w_1, w_2\} \in N(w_1)$) como $p \to q$ (ya que $p \to q^M = \{w_1, w_3, w_4\} \in N(w_1)$).

Ahora veamos la función de vecindad $N^*$ en el modelo expandido:

$$N^*(w_1) = \{U \subseteq W \mid w_1 \in U\}, \qquad N^*(w_2) = N^*(w_3) = N^*(w_4) = \{W\}.$$

Notemos como $q^{M^*} = \{w_1, w_3\} \in N^*(w_1)$: el agente ahora reconoce a $q$ como verdadera. Aún más: $A^t q^{M^*} = \{w_1\}$ ($q^{M^*} = \{w_1, w_3\}$ aparece tan solo en la vecindad de $w_1$), por lo que $\neg A^t q^{M^*} = \{w_2, w_3, w_4\}$. Entonces, $\neg A^t q^{M^*} \notin N^*(w_1)$, lo que nos dice que, en $w_1$ en $M^*$, el agente NO reconoce que no ha aceptado $p$ como verdadera. ∎

El ejemplo muestra una situación (modelo $M$ y mundo $w_1$) en la cual el agente no ha aceptado $q$ como verdadera, y ha aceptado esto. Sin embargo, el agente tiene las herramientas necesarias para darse cuenta de que $q$ es cierta, ya que ha aceptado tanto $p$ como $p \to q$. Después de las inferencias deductivas (en el modelo expandido), el agente acepta

$q$ como verdadera, y entonces ya no acepta que no la haya aceptado (a $q$) como verdadera. Dicho modelo da lugar a uno de nuestros $MVC$s simplemente al hacer al agente consciente-de todas las fórmulas involucradas (e.g., tómese $A := \{p, q\}$). No es difícil ver que, en este $MVC$, el agente sabe $\neg \mathrm{A^t}\, q$ explícitamente, y aún así esa fórmula no es parte de su conocimiento explícito.

Es importante hacer notar que, la falta de esta propiedad (conocimiento explícito es también implícito) no debe verse como un problema fundamental de la presente propuesta. Primero, la propiedad se cumple para un gran número de fórmulas del lenguaje, incluyendo no solamente las que son puramente proposicionales, sino también aquellas en el fragmento del lenguaje que no contiene ni $\mathrm{A^t}$ ni $[*]$ y, de hecho, todas aquellas en $\mathcal{L}$cuya extensión (el conjunto de mundos posibles en los cuales la fórmula es verdadera, ) no se reduce cuando el modelo se expande.

**Proposición 4.3.1.**

$$\Vdash \varphi \rightarrow [*]\,\varphi \quad \text{implica} \quad \Vdash \mathrm{K}_{Ex}\,\varphi \rightarrow \mathrm{K}_{Im}\,\varphi$$

*Demostración.* Esencialmente la proposición 2 en [31], añadiendo consciencia. ∎

Segundo, el contraejemplo presentado muestra el tipo de fórmulas para las cuales la propiedad falla: fórmulas que expresan que el agente no ha aceptado como verdaderas fórmulas que eventualmente podría derivar a través de inferencias deductivas (en el ejemplo, $\neg \mathrm{A^t}\, q$, ya que $q$ puede ser derivada). En términos semánticos, lo que sucede es lo siguiente. Si tenemos $U \in N(w)$ con $U = \varphi^M$ para alguna fórmula $\varphi$, esto implica que $U \in N^*(w)$, pero sin condiciones adicionales no se puede garantizar que $U = \varphi^{M^*}$. Esta es tan solo una instancia de los fenómenos de Moore que son comunes en *LED*. En la instancia más famosa, este fenómeno se expresa con fórmulas que se vuelven falsas al ser anunciadas de manera veraz. En nuestro caso, este fenómeno aparece con fórmulas que dejan de ser parte del conocimiento explícito tras producirse inferencias deductivas.

## 4.4 Acciones epistémicas

Como se ha comentado, la presente propuesta permite representar el estado epistémico de agentes no ideales. Sin embargo, diversos autores ([4, 6, 26], entre otros) opinan que soluciones de este tipo no son completamente adecuadas. Sus argumentos son los siguientes. Primero, el conocimiento explícito de un agente puede ser 'debilitado' de diversas maneras, y no hay un criterio claro para comparar dichas alternativas. Segundo, el aspecto más importante no es el estado epistémico del agente en un momento dado, sino la manera en que el agente llegó a él. En otras palabras, lo que se necesita es no solo una manera de representar la información de agentes no ideales, sino también una representación de las *acciones* que permiten al agente cambiar su estado epistémico.

El papel de las acciones epistémicas es fundamental. 'Debilitar' el conocimiento explícito nos da agentes no ideales pero, al darles acciones epistémicas que les permiten incrementar su información, estos dejan de ser ignorantes o defectuosos, y de hecho se vuelven racionales. Aún más: el hacer explícitas las acciones epistémicas hace que los estados omniscientes se vuelvan alcanzables. En las historias de detectives de Conan Doyle, la explicación que se presenta al final de la aventura hace que los poderes 'mágicos' de Sherlock Holmes se vuelvan simplemente una secuencia de observaciones y actos de inferencia, lo cual hace que todo el proceso sea *"elemental, mi querido Watson"*. Esta sección define varias de estas acciones, presentando también sus propiedades básicas.

**Volverse consciente.** Acciones que cambian la consciencia del agente pueden ser representadas semánticamente como operaciones que cambian el conjunto de conciencia del modelo dado sin afectar a los otros componentes (véase, e.g., [26, 27]). La primera acción de este tipo, volverse consciente de una fórmula $\chi$, consiste simplemente en agregar los átomos de $\chi$ a dicho conjunto.

**Definición 4.4.1** (*Volverse consciente-de*). *Sea $M = \langle W, N, V, A \rangle$ un MVC; sea $\chi$ una fórmula en $\mathcal{L}$. El modelo $M^{+\chi} = \langle W, N, V, A^{+\chi} \rangle$ difiere de $M$ tan solo en su conjunto de conciencia atómica, el cual se expande con los átomos de $\chi$:*

$$A^{+\chi} := A \cup \mathrm{at}(\chi)$$

*Para describir los efectos de esta acción, el lenguaje $\mathcal{L}_{[+\chi]}$ se extiende $\mathcal{L}$ con una modalidad $[+\chi]$ por cada fórmula $\chi$: si $\varphi$ es una fórmula en el nuevo lenguaje, también lo es $[+\chi]\,\varphi$, la cual se lee como "$\varphi$ es verdadera después de que el agente se vuelve consciente-de $\chi$".[9] La interpretación semántica de estas modalidades hace uso de la operación de volverse consciente-de:*

$$[+\chi]\,\varphi^M := \varphi^{M^{+\chi}}. \qquad \text{10}$$

***Propiedades básicas.*** Empezamos con un 'control de sanidad': después de volverse consciente-de una fórmula $\chi$, el agente es consciente de ella:

$$\Vdash [+\chi]\,A^{\circ}\,\chi$$

Aún más: recuerde que la conciencia del agente está basada en proposiciones atómicas, y puede ser entendida como el lenguaje que el agente tiene a su disposición. Entonces, al volverse consciente-de cierta $\chi$, el agente también se vuelve consciente no solo de todos los átomos en $\chi$, sino también de toda fórmula que puede ser construida exclusivamente a partir de ellos. En particular, después de volverse consciente-de una

---

[9]Defínase $\mathrm{at}([+\chi]\,\varphi) := \mathrm{at}(\chi) \cup \mathrm{at}(\varphi)$.

[10]Nótese como el dual de la nueva modalidad se puede definir de la manera estándar: $\langle +\chi \rangle\,\varphi := \neg\,[+\chi]\,\neg\varphi$. A consecuencia de esto, $\langle +\chi \rangle\,\varphi^M = \varphi^{M^{+\chi}}$, por lo que $[+\chi]\,\varphi$ y $\langle +\chi \rangle\,\varphi$ son lógicamente equivalentes.

fórmula, el agente se volverá consciente-de todas sus subfórmulas. Por ejemplo,

$$\Vdash [+\neg\varphi]\, A^\circ\, \varphi, \qquad\qquad \Vdash [+\, A^\circ\, \varphi]\, A^\circ\, \varphi,$$
$$\Vdash [+(\varphi \wedge \psi)](A^\circ\, \varphi \wedge A^\circ\, \psi), \qquad \Vdash [+\, A^t\, \varphi]\, A^\circ\, \varphi,$$
$$\Vdash [+\, [*]\, \varphi]\, A^\circ\, \varphi.$$

En general, después de volverse consciente-de $\chi$, el agente será consciente-de $\varphi$ si y solo si ya era consciente-de todos los átomos que están en $\varphi$ pero no en $\chi$:

$$\Vdash [+\chi]\, A^\circ\, \varphi \leftrightarrow \bigwedge_{p \in \mathrm{at}(\varphi)\setminus\mathrm{at}(\chi)} A^\circ\, p$$

Si todos los átomos en $\varphi$ también aparecen en $\chi$ (es decir, $\mathrm{at}(\varphi) \subseteq \mathrm{at}(\chi)$ o, equivalentemente, $\mathrm{at}(\varphi) \setminus \mathrm{at}(\chi) = \varnothing$)), el lado derecho de la equivalencia se reduce a $\top$: después de volverse consciente de $\chi$, el agente será consciente-de toda $\varphi$ que contenga tan solo átomos que también aparecen en $\chi$.

***Efectos de esta acción en el conocimiento explícito.*** En otras propuestas para representar este tipo de acciones (véanse las referencias mencionadas), el volverse consciente de algo que se sabe de manera implícita es suficiente para que esto se convierta en conocimiento explícito. Esto no se cumple en esta propuesta. Para empezar, la acción tan solo hace que el agente se vuelva consciente-de la fórmula involucrada; por si solo, esto no garantiza que el agente la reconocerá como verdadera (la operación no afecta la función de vecindad del modelo). Además, si el agente sabe la fórmula de manera implícita antes de la acción (es decir, la reconocerá como verdadera en el modelo expandido), esto podría no ser suficiente, ya que podría no haber reconocido la fórmula como verdadera en este momento. El agente podría necesitar una acción epistémica más, reconocer la formula como verdadera, a fin de que esta se vuelva parte de su conocimiento explícito.

$$\nVdash \mathrm{K}_{Im} \chi \rightarrow [+\chi] \mathrm{A^t} \chi, \qquad\qquad \nVdash \mathrm{K}_{Im} \chi \rightarrow [+\chi] \mathrm{K}_{Ex} \chi.$$

Esto enfatiza que el volverse consciente-de una fórmula no es lo mismo que el darse cuenta que esta sea verdadera (ser consciente-de-que es el caso).

Dado que $\Vdash [+\chi] \mathrm{A^o} \chi$ y que el conocimiento explícito se define como conciencia-de más conciencia-de-que, uno podría pensar que, si el agente reconoce que cierta $\chi$ es verdadera, el volverse consciente de ella es suficiente para que esta se vuelva parte de su conocimiento explícito. Esto es cierto cuando la fórmula es proposicional,

$$\Vdash \mathrm{A^t} \gamma \rightarrow [+\gamma] \mathrm{K}_{Ex} \gamma \qquad \text{cuando } \gamma \text{ es una fórmula proposicional,}$$

e inclusive para otras que no son proposicionales.[11] Sin embargo, la propiedad no se cumple en general: la operación podría no preservar las fórmulas que se han reconocido como verdaderas.

**Fact 2.** $\nVdash \mathrm{A^t} \chi \rightarrow [+\chi] \mathrm{A^t} \chi.$

*Demostración.* Tómese el conjunto de átomos $\{p\}$ y la fórmula $\varphi :=$ $\neg \mathrm{A^o} p$; considere el $MVCM = \langle W = \{w\}, N, V, \varnothing \rangle$ con el conjunto de conciencia vacío y la función de vecindad dada por $N(w) = \{W\}$ (la evaluación atómica no es relevante). Note como $\mathrm{A^o} p^M = \varnothing$ (ya que $p \notin A$), por lo que $\neg \mathrm{A^o} p^M = W = \{w\}$; entonces,

$$\mathrm{A^t} \neg \mathrm{A^o} p^M = \{u \in W \mid \neg \mathrm{A^o} p^M \in N(u)\} = \{u \in W \mid W \in N(u)\} = \{w\}$$

lo que implica que $w \in \mathrm{A^t} \neg \mathrm{A^o} p^M$: en el mundo $w$ del modelo $M$, el agente ha reconocido que no es consciente de $p$.

---

[11]De manera más precisa, la propiedad descrita se cumple para toda fórmula $\varphi$ en las situaciones en las cuales su extensión no se ve afectada por la operación de volverse consciente-de, es decir, para toda $\varphi \in \mathcal{L}$ y todo $MVCM$ que satisfacen $\varphi^M = \varphi^{M+\chi}$.

La operación de volverse consciente con $\neg A^\circ p$ produce el modelo $M^{+\neg A^\circ p}$ con un conjunto de conciencia atómica dado por $A^{+\neg A^\circ p} = \{p\}$; así, $A^\circ p^{M^{+\neg A^\circ p}} = W$ y por lo tanto $\neg A^\circ p^{M^{+\neg A^\circ p}} = \varnothing$. Entonces

$$
\begin{aligned}
A^t \neg A^\circ p^{M^{+\neg A^\circ p}} &= \{u \in W \mid \neg A^\circ p^{M^{+\neg A^\circ p}} \in N(u)\} \\
&= \{u \in W \mid \varnothing \in N(u)\} \\
&= \varnothing
\end{aligned}
$$

por lo que $[+\neg A^\circ p]\, A^t \neg A^\circ p^M = \varnothing$, es decir, $w \notin [+\neg A^\circ p]\, A^t \neg A^\circ p^M$: en el mundo $w$ del modelo que obtenemos cuando el agente se vuelve consciente de $\neg A^\circ p$, $M^{+\neg A^\circ p}$, el agente no reconoce que no es consciente-de $p$. En resumen, $w \notin A^t \neg A^\circ p \to [+\neg A^\circ p]\, A^t \neg A^\circ p^M$.    ∎

El contraejemplo es otra instancia de un fenómeno de Moore: algunas fórmulas que el agente ha aceptado como verdaderas pueden dejar de ser aceptadas cuando el agente se vuelve consciente de ellas. La explicación técnica es, una vez más, que podemos tener un conjunto $U \in N(w)$ con $U = \varphi^M$ para alguna fórmula $\varphi$. El conjunto seguirá estando en la vecindad del modelo que resulta de la operación de volverse consciente, $U \in N^{+\varphi}(w)$, pero no se puede garantizar que $U$ seguirá siendo la extensión de $\varphi$ en el nuevo modelo (es decir, no se puede garantizar que $U = \varphi^{M+\varphi}$).

**Dejar de ser consciente-de.** Un agente también puede dejar de ser consciente de una fórmula dada. Esta acción puede ser representada mediante una operación que reduce el conjunto de conciencia del modelo.

**Definición 4.4.2** (*Dejar de ser consciente-de*). *Sea* $M = \langle W, N, V, A \rangle$ *un MVC; sea* $\chi$ *una fórmula en* $\mathcal{L}$*. El modelo* $M^{-\chi} = \langle W, N, V, A^{-\chi} \rangle$ *difiere de M tan solo en el conjunto de conciencia atómica que se obtiene al eliminar los átomos de* $\chi$:

$$
A^{-\chi} := A \setminus \mathrm{at}(\chi)
$$

*Del lado sintáctico, el lenguaje* $\mathcal{L}_{[-\chi]}$ *extiende* $\mathcal{L}$ *con una modalidad* $[-\chi]$ *por cada fórmula* $\chi$, *con fórmulas del tipo* $[-\chi]\,\varphi$ *leídas como "$\varphi$ es verdadera después de que el agente deja de ser consciente de $\chi$"*[12] *e interpretadas semánticamente como:*

$$[-\chi]\,\varphi^{M} := \varphi^{M^{-\chi}}. \qquad \text{[13]}$$

**Propiedades básicas.** La operación pasa la 'prueba de sanidad':

$$\Vdash [-\chi]\,\neg\,\mathrm{A}^{\circ}\,\chi \qquad \text{para toda } \chi \text{ tal que } \mathrm{at}(\chi) \neq \varnothing.$$

La restricción es importante, ya que el agente siempre es consciente-de fórmulas que no involucran proposiciones atómicas (e.g., $\top$, $\neg\top$, $\top \wedge \top$). Ya que la operación hace que el agente deje de ser consciente de *todos* los átomos en $\chi$ (más abajo se describe una alternativa), el agente también deja de ser consciente-de toda fórmula que involucre al menos un átomo que aparezca en $\chi$:

$$\Vdash [-\chi]\,\neg\,\mathrm{A}^{\circ}\,\varphi \qquad \text{para toda } \varphi \text{ tal que } \mathrm{at}(\chi) \cap \mathrm{at}(\varphi) \neq \varnothing.^{14}$$

**Efectos de esta acción en el conocimiento explícito.** Tal y como se esperaría, al dejar de ser consciente de una fórmula (que contiene al menos un átomo), el agente también deja de tenerla en su conocimiento explícito.

$$\Vdash [-\chi]\,\neg\,\mathrm{K}_{Ex}\,\chi \qquad \text{para toda } \varphi \text{ tal que } \mathrm{at}(\chi) \neq \varnothing,$$

**Forma debilitada de dejar de ser consciente-de.** La operación que se acaba de definir tiene efectos muy drásticos: al dejar de ser consciente-de $\chi$, el agente también deja de ser consciente-de toda fórmula que involucra al menos un átomo que aparece en $\chi$. Podemos definir una acción

---

[12]Defínase $\mathrm{at}([-\chi]\,\varphi) := \mathrm{at}(\chi) \cup \mathrm{at}(\varphi)$.

[13]Como en el caso de la operación anterior, el definir $\langle -\chi \rangle\,\varphi := \neg\,[-\chi]\,\neg\varphi$ implica $\Vdash [+\chi]\,\varphi \leftrightarrow \langle +\chi \rangle\,\varphi$.

[14]En particular, al dejar de ser consciente de $\chi$, el agente también deja de ser consciente de todas sus subfórmulas.

más general, y utilizarla para definir formas más débiles para dejar de ser consciente-de una fórmula dada.

**Definición 4.4.3** (*Dejar de ser consciente-de*). *Sea $M = \langle W, N, V, A \rangle$ un MVC; sea $\mathsf{Q} \subseteq \mathsf{P}$ un conjunto de átomos. El modelo $M^{-\mathsf{Q}} = \langle W, N, V, A^{-\mathsf{Q}} \rangle$ difiere de $M$ tan solo en su conjunto de conciencia atómica, del cual se han eliminado los átomos en $\mathsf{Q}$:*

$$A^{-\mathsf{Q}} := A \setminus \mathsf{Q}$$

*Del lado sintáctico, el lenguaje $\mathcal{L}_{[-\mathsf{Q}]}$ extiende $\mathcal{L}$ con una modalidad $[-\mathsf{Q}]$ por cada $\mathsf{Q} \subseteq \mathsf{P}$, con fórmulas del tipo $[-\mathsf{Q}]\,\varphi$ leídas como "$\varphi$ es verdadera después de que el agente deja de ser consciente-de los átomos en $\mathsf{Q}$"[15] e interpretadas semánticamente como*

$$[-\mathsf{Q}]\,\varphi^M := \varphi^{M^{-\mathsf{Q}}}.\,[16]$$

*Claramente tenemos $\Vdash [-\chi]\,\varphi \leftrightarrow [-\operatorname{at}(\chi)]\,\varphi$.*

La modalidad $[-\mathsf{Q}]$ puede ser usada para definir una modalidad para la acción de dejar de ser consciente-de una fórmula $\chi$. La idea es utilizarla para cuantificar sobre el conjunto de átomos que aparecen en $\chi$:

$$[{\sim}\chi]\,\varphi := \bigwedge_{\{\mathsf{Q} \subseteq \operatorname{at}(\chi)\ \mid\ \mathsf{Q} \neq \varnothing\}} [-\mathsf{Q}]\,\varphi.$$

En palabras, $\varphi$ es verdadera cuando el agente deja de ser consciente-de $\chi$ si y solo si $\varphi$ es verdadra después de que el agente deje de ser consciente-de cualquier subconjunto no vacío de los átomos que aparecen en $\chi$. Esta nueva modalidad pasa la prueba de sanidad, ya que

$$\Vdash [{\sim}\chi]\,\neg\,\mathrm{A}^\circ\,\chi \qquad \text{para toda } \chi \text{ tal que } \operatorname{at}(\chi) \neq \varnothing.$$

Nótese que, si $\chi$ contiene al menos un átomo, la modalidad $[{\sim}\chi]$ es más drástica que la anterior $[-\chi]$. Primero, para ese tipo de fórmulas $\chi$

---

[15]Defínase $\operatorname{at}([-\mathsf{Q}]\,\varphi) := \mathsf{Q} \cup \operatorname{at}(\varphi)$.

[16]Una vez más, $\langle -\mathsf{Q} \rangle\,\varphi := \neg\,[-\mathsf{Q}]\,\neg\varphi$ implica $\Vdash [+\mathsf{Q}]\,\varphi \leftrightarrow \langle +\mathsf{Q} \rangle\,\varphi$.

tenemos que

$$\Vdash [\sim\chi]\,\varphi \to [-\chi]\,\varphi$$

ya que la formula $[-\operatorname{at}(\chi)]\,\varphi$, equivalente a $[-\chi]\,\varphi$, es parte de la conjunción que define a $[\sim\chi]$. Segundo, el que $\varphi$ se cumpla cuando el agente deja de ser consciente de todos los átomos en $\chi$ (es decir, $[-\chi]\,\varphi$) no garantiza que $\varphi$ se cumpla cuando el el agente deje de ser consciente tan solo de algunos de esos átomos (la definición de $[\sim\chi]\,\varphi$).[17] Entonces,

$$\nVdash [-\chi]\,\varphi \to [\sim\chi]\,\varphi,$$

Sin embargo, si $\chi$ contiene al menos un átomo, el dual $\langle\sim\chi\rangle\,\varphi :=$ $\neg\,[\sim\chi]\,\neg\varphi$ es más débil. A partir de su definición se sigue que

$$\Vdash \langle\sim\chi\rangle\,\varphi \leftrightarrow \bigvee_{\{\mathtt{Q}\subseteq\operatorname{at}(\chi)\ |\ \mathtt{Q}\neq\varnothing\}} [-\mathtt{Q}]\,\varphi.$$

Entonces tenemos no solo que

$$\Vdash [-\chi]\,\varphi \to \langle\sim\chi\rangle\,\varphi$$

(ya que $[-\operatorname{at}(\chi)]\,\varphi$ ocurre en la disyunción que define a $\langle\sim\chi\rangle$) sino también

$$\nVdash \langle\sim\chi\rangle\,\varphi \to [-\chi]\,\varphi$$

(ya que el que $\varphi$ se cumpla después de eliminar algún conjunto no vacío de átomos en $\chi$ no garantiza que también se cumpla después de eliminar $\operatorname{at}(\chi)$ específicamente).[18] En resumen,

$$\Vdash ([\sim\chi]\,\varphi \to [-\chi]\,\varphi) \wedge ([-\chi]\,\varphi \to \langle\sim\chi\rangle\,\varphi)$$

---

[17]Tome $\varphi := \bigwedge_{p\in\operatorname{at}(\chi)} \neg\,\mathrm{A}^\circ p$, indicando que el agente no es consciente-de ningún átomo en $\chi$. Está claro que esto se cumple cuando el agente deja de ser consciente-de todos esos átomos, pero no se cumple cuando alguno de ellos permanece en su conciencia.

[18]Tome $\varphi := \bigvee_{p\in\operatorname{at}(\chi)} \mathrm{A}^\circ p$, indicando que el agente es consciente-de al menos uno de los átomos en $\chi$. Está claro no solo que esto se cumple cuando $\chi$ tiene al menos dos átomos y tan solo uno de ellos es eliminado, sino también que es falso cuando todos los átomos son eliminados.

con ambas implicaciones siendo estrictas.

Como ejemplo concreto, tome $\chi := p \wedge q$. La fórmula $[-(p \wedge q)](A^{\circ} p \vee A^{\circ} q)$ no es satisfacible, ya que la operación elimina del conjunto de conciencia ambos átomos $p$ y $q$. Sin embargo, la fórmula $\langle \sim(p \wedge q) \rangle (A^{\circ} p \vee A^{\circ} q)$ es satisfacible, ya que existe una manera de eliminar al menos un átomo que aparece en $p \wedge q$ de tal forma que, en el modelo resultante, el agente es consciente-de al menos uno de dichos átomos.

A pesar de ser una forma debilitada de dejar de ser consciente de una fórmula, la modalidad $\langle \sim \chi \rangle$ hace su trabajo. Cada uno de los disjuntos que la definen, $[-Q]$ con $Q$ un subconjunto no vacío de $at(\chi)$, garantiza que después de la operación el agente no será consciente-de $\chi$ ($\Vdash [-Q] \neg A^{\circ} \chi$ para todo $\varnothing \neq Q \subseteq at(\chi)$, ya que el agente no será consciente-de al menos un átomo en $\chi$). Por lo tanto, después de cualquiera de esas instancias de la operación, el agente no sabrá $\chi$ de manera explícita,

$$\Vdash \langle \sim \chi \rangle \neg K_{Ex} \chi \qquad \text{para toda } \varphi \text{ tal que } at(\chi) \neq \varnothing.$$

***Modus ponens.*** Las dos acciones previas afectan aquello de lo que el agente es consciente. También es posible definir acciones que afecten a aquello que el agente ha reconocido como verdadero (conciencia-de-que). La acción de cierre deductivo, representada por la operación de expansión, es un ejemplo de esto. Sin embargo, dicha acción puede ser considerada ideal: efectúa, en un solo paso, todas las inferencias deductivas posibles. Una acción mas apropiada para el tipo de agentes que se consideran en este trabajo es aquella que realiza tan solo una inferencia deductiva. Hay diversos candidatos para este tipo de acción, como la introducción de la conjunción o la eliminación de la misma. La opción elegida aquí utiliza la regla de inferencia deductiva más conocida: modus ponens.[19]

---

[19]Acciones de inferencia similares han sido discutidas en [30, 31, 23, 22, 2].

**Definición 4.4.4** (modus ponens). *Sea* $M = \langle W, N, V, A \rangle$ *un MVC; sea* $\xi \to \chi$ *una implicación en* $\mathcal{L}$. *El modelo* $M^{\xi \hookrightarrow \chi} = \langle W, N^{\xi \hookrightarrow \chi}, V, A \rangle$ *difiere de* $M$ *tan solo en su función de vecindad, la cual amplía la misma función en* $M$ *con la extensión de* $\chi$ *en* $M$ *para aquellos mundos en los que el agente sabe de manera explícita tanto* $\xi$ *como* $\xi \to \chi$:

$$N^{\xi \hookrightarrow \chi}(w) := \begin{cases} N(w) \cup \{\chi^M\} & \text{si } w \in \mathrm{K}_{Ex}(\xi \to \chi) \wedge \mathrm{K}_{Ex}\,\xi^M \\ N(w) & \text{de otra forma} \end{cases}$$

*Del lado sintáctico,* $\mathcal{L}_{[\to]}$ *extiende* $\mathcal{L}$ *con una modalidad* $[^{\xi \hookrightarrow \chi}]$ *por cada implicación* $\xi \to \chi$, *con formulas del tipo* $[^{\xi \hookrightarrow \chi}]\,\varphi$ *leídas como "$\varphi$ es verdadera después de que el agente aplica la regla modus ponens con* $\xi \to \chi$".[20] *e interpretadas semánticamente como:*

$$[^{\xi \hookrightarrow \chi}]\,\varphi^M = \varphi^{M^{\xi \hookrightarrow \chi}}.$$

Nótese la manera en que se usa la precondición de la acción. Una alternativa es que la operación siempre agregue la extensión del consecuente, y usar la interpretación de la modalidad para asegurarse que que la operación se lleva a cabo tan solo cuando las condiciones necesarias (en este caso, que el agente sepa explícitamente la implicación y su antecedente) se cumplen.[21] La opción elegida aquí es que la operación agregue la extensión del consecuente tan solo en los casos adecuados, simplificando así la interpretación semántica de su modalidad asociada.

***Propiedades básicas.*** Intuitivamente, el agregar la extensión de una fórmula a la vecindad de un mundo hace que el agente acepte la fórmula como verdadera. Sin embargo, bajo esta operación uno también puede encontrar fenómenos mooreanos: es posible que se agregue la extensión de una $\varphi$ dada, y aún así el agente no acepte la fórmula como verdadera. Por lo tanto, es posible que la operación de *modus ponens* no haga que

---

[20]Defínase $\mathrm{at}([^{\xi \hookrightarrow \chi}]\,\varphi) := \mathrm{at}(\xi) \cup \mathrm{at}(\chi) \cup \mathrm{at}(\varphi)$.

[21]Esto es lo que se hace, e.g., en el caso de los anuncios públicos de [19, 10], cuya condición necesaria es que la fórmula anunciada sea verdadera.

el agente sepa el consecuente de una implicación, aún cuando el agente sabía de manera explícita tanto la implicación como su antecedente.

**Fact 3.** $\not\vdash (\mathrm{K}_{Ex}(\xi \to \chi) \wedge \mathrm{K}_{Ex}\,\xi) \to [^{\xi \hookrightarrow \chi}]\,\mathrm{A}^{\mathrm{t}}\,\chi$.

*Demostración.* Tome el modelo $M = \langle \{w_1, w_2, w_3\}, N, V, \{p, q\} \rangle$ sobre el conjunto de átomos $\{p, q\}$, con $V(p) = \{w_1\}$, $V(q) = \{w_1, w_2\}$, y

$$N(w_1) = \{\{w_1, w_2\}, \{w_1, w_3\}\}, \qquad N(w_2) = \{\{w_1\}\}, \qquad N(w_3) = \{\{w_1\}\}.$$

Tome la implicación $q \to (p \wedge \neg \mathrm{A}^{\mathrm{t}}\,p)$. De $\mathrm{at}(q \to (p \wedge \neg \mathrm{A}^{\mathrm{t}}\,p)) \cup \mathrm{at}(q) \subseteq \{p, q\}$ se sigue que $\mathrm{A}^{\circ}(q \to (p \wedge \neg \mathrm{A}^{\mathrm{t}}\,p)) \wedge \mathrm{A}^{\circ}\,q^{M} = \{w_1, w_2, w_3\}$. Aún más: como $q^{M} = \{w_1, w_2\}$ y

$$
\begin{aligned}
q \to (p \wedge \neg \mathrm{A}^{\mathrm{t}}\,p)^{M} &= \neg q^{M} \cup p \wedge \neg \mathrm{A}^{\mathrm{t}}\,p^{M} \\
&= \neg q^{M} \cup (p^{M} \cap \neg \mathrm{A}^{\mathrm{t}}\,p^{M}) \\
&= \{w_3\} \cup (\{w_1\} \cap \{w_1\}) \\
&= \{w_1, w_3\},
\end{aligned}
$$

tenemos entonces que $\mathrm{A}^{\mathrm{t}}(q \to (p \wedge \neg \mathrm{A}^{\mathrm{t}}\,p)) \wedge \mathrm{A}^{\mathrm{t}}\,q^{M} = \{w_1\}$. Por lo tanto, $\mathrm{K}_{Ex}(q \to (p \wedge \neg \mathrm{A}^{\mathrm{t}}\,p)) \wedge \mathrm{K}_{Ex}\,q^{M} = \{w_1, w_3\}$.

Dado que $p \wedge \neg \mathrm{A}^{\mathrm{t}}\,p^{M} = \{w_1\}$, el modelo que resulta de la operación *modus ponens* con $q \to (p \wedge \neg \mathrm{A}^{\mathrm{t}}\,p)$ es tal que

$$
\begin{aligned}
N^{q \hookrightarrow p \wedge \neg \mathrm{A}^{\mathrm{t}}\,p}(w_1) &= \{\{w_1, w_2\}, \{w_1, w_3\}, \{w_1\}\}, \\
N^{q \hookrightarrow p \wedge \neg \mathrm{A}^{\mathrm{t}}\,p}(w_2) &= N^{q \hookrightarrow p \wedge \neg \mathrm{A}^{\mathrm{t}}\,p}(w_3) = \{\{w_1\}\}.
\end{aligned}
$$

Dado que $p \wedge \neg \mathrm{A}^{\mathrm{t}}\,p^{M^{q \hookrightarrow p \wedge \neg \mathrm{A}^{\mathrm{t}}\,p}}$ esta dado por

$$p^{M^{q \hookrightarrow p \wedge \neg \mathrm{A}^{\mathrm{t}}\,p}} \cap \neg \mathrm{A}^{\mathrm{t}}\,p^{M^{q \hookrightarrow p \wedge \neg \mathrm{A}^{\mathrm{t}}\,p}} = \{w_1\} \cap \varnothing = \varnothing$$

tenemos entonces que

$$\mathrm{A}^{\mathrm{t}}(p \wedge \neg \mathrm{A}^{\mathrm{t}}\,p)^{M^{q \hookrightarrow p \wedge \neg \mathrm{A}^{\mathrm{t}}\,p}} = [^{q \hookrightarrow p \wedge \neg \mathrm{A}^{\mathrm{t}}\,p}]\,\mathrm{A}^{\mathrm{t}}(p \wedge \neg \mathrm{A}^{\mathrm{t}}\,p)^{M} = \varnothing.$$

Esto nos dice que

$$w_1 \notin \left( \mathrm{K}_{Ex}(q \to (p \land \neg \mathrm{A}^{\mathrm{t}}\, p)) \land \mathrm{K}_{Ex}\, q \right) \to [^{q \hookrightarrow p \land \neg \mathrm{A}^{\mathrm{t}}\, p}]\, \mathrm{A}^{\mathrm{t}}(p \land \neg \mathrm{A}^{\mathrm{t}}\, p)^{M}.$$

∎

Aunque la operación no se comporta de la manera esperada en general, se comporta de manera adecuada cuando la extensión del consecuente no es afectada por la operación (lo cual es el caso, e.g., cuando el consecuente es proposicional).

**Proposición 4.4.1.** *Si $\chi \in \mathcal{L}_{[\hookrightarrow]}$ es tal que $\Vdash \chi \leftrightarrow [^{\xi \hookrightarrow \chi}]\chi$, entonces*

$$\Vdash (\mathrm{K}_{Ex}(\xi \to \chi) \land \mathrm{K}_{Ex}\, \xi) \to [^{\xi \hookrightarrow \chi}]\, \mathrm{A}^{\mathrm{t}}\, \chi.$$

*Demostración.* Tome cualquier $M = \langle W, N, V, A \rangle$ y cualquier $w \in W$ tal que $w \in (\mathrm{K}_{Ex}(\xi \to \chi) \land \mathrm{K}_{Ex}\, \xi^{M}$. Por lo anterior, $M^{\xi \hookrightarrow \chi}$ es tal que $\chi^{M} \in N^{\xi \hookrightarrow \chi}(w)$. Entonces, gracias a la equivalencia requerida, $[^{\xi \hookrightarrow \chi}]\chi^{M} \in N^{\xi \hookrightarrow \chi}(w)$, es decir, $\chi^{M^{\xi \hookrightarrow \chi}} \in N^{\xi \hookrightarrow \chi}(w)$. Por lo tanto, $w \in \mathrm{A}^{\mathrm{t}}\, \chi^{M^{\xi \hookrightarrow \chi}}$, es decir, $w \in [^{\xi \hookrightarrow \chi}]\, \mathrm{A}^{\mathrm{t}}\, \chi^{M}$, tal y como se requiere. ∎

***Efectos de esta acción en el conocimiento explícito.*** El 3 nos dice que la acción de *modus ponens* no garantiza el reconocimiento del consecuente como verdadero, y por lo tanto

$$\nVdash (\mathrm{K}_{Ex}(\xi \to \chi) \land \mathrm{K}_{Ex}\, \xi) \to [^{\xi \hookrightarrow \chi}]\, \mathrm{K}_{Ex}\, \chi.$$

Sin embargo, la 4.4.1 nos dice qué debe satisfacer el consecuente para que la acción se comporte como debe. Cuando esa condición se cumple, la operación garantiza que el consecuente se reconoce como verdadero. Como la precondición de la operación garantiza que el agente es consciente de dicha fórmula (la precondición pide que el agente sepa la implicación de manera explícita, y por lo tanto debe ser consciente del consecuente), tenemos entonces que, para toda $\chi$ que satisface $\Vdash \chi \leftrightarrow [^{\xi \hookrightarrow \chi}]\chi$, se cumple la siguiente 'versión dinámica' del famoso axioma $K$:

$$\Vdash \mathrm{K}_{Ex}(\xi \to \chi) \to (\mathrm{K}_{Ex}\,\xi \to [^{\xi \hookrightarrow \chi}]\,\mathrm{K}_{Ex}\,\chi).$$

**Observación.** Las acciones estudiadas hasta ahora, cambios en la consciencia del agente y dos tipos de inferencia deductiva (la idealizada descrita por [∗] y la inferencia *modus ponens*, mas realista), se entienden normalmente como acciones 'internas': el agente cambia aquello de lo que es consciente porque su atención cambia, y acepta nuevas fórmulas como verdaderas a consecuencia de su razonamiento interno. Pero también existen acciones 'externas', que reflejan la manera en que el agente interactúa con su entorno. Entre estas acciones, una de las mas importantes es aquella a través de la cual el agente recibe información de una fuente exterior. En la lógica epistémica dinámica, esta acción ha sido llamada *anuncio público* [19, 10]. Cuando dicha fuente de información no es parte del modelo, la acción se entiende mejor como un acto de *observación*.

Intuitivamente, al observar (o ser informado por una fuente 100 % fiable) que una fórmula dada $\chi$ es verdadera, suceden dos cosas: el agente se vuelve consciente-de $\chi$, y reconoce que esta es verdadera (se vuelve consciente-de-que).

**Definición 4.4.5** (Observación). *Sea* $M = \langle W, N, V, A\rangle$ *un MVC; sea* $\chi$ *una fórmula en* $\mathcal{L}$. *El modelo* $M^{!\chi} = \langle W, N^{!\chi}, V, A^{!\chi}\rangle$ *difiere de* $M$ *en la función de vecindad (la cual extiende la de* $M$ *al agregar* $\chi^M$ *a los mundos apropiados) y en el conjunto de conciencia atómica (el cual extiende el del* $M$ *con todos los átomos que aparecen en* $\chi$):*

$$N^{!\chi}(w) := \begin{cases} N(w) \cup \{\chi^M\} & \text{si } w \in \chi^M \\ N(w) & \text{de otra manera} \end{cases}, \qquad A^{!\chi} := A \cup \mathrm{at}(\chi).$$

*Note como* $\chi^M$ *se añade solo a la vecindad de aquellos mundos en los cuales* $\chi$ *es verdadera. Esto refleja la precondición de la acción: para que* $\chi$ *sea observada, tiene que ser verdadera.*

*El lenguaje* $\mathcal{L}_{[!\chi]}$ *extiende* $\mathcal{L}$ *con una modalidad* $[!\chi]$ *por cada fórmula* $\chi$, *con fórmulas del tipo* $[!\chi]\,\varphi$ *leídas como* "$\varphi$ *es verdadera después de que el agente observe* $\chi$",[22] *e interpretadas semánticamente como*

$$[!\chi]\,\varphi^M = \varphi^{M!\chi}.$$

**Propiedades básicas.** La 'prueba de sanidad' de esta operación involucra dos tareas: verificar que, después de observar $\chi$, el agente es consciente-de esa fórmula y, además, la reconoce como verdadera. Por un lado, la primera parte se cumple: la operación agrega al conjunto de conciencia todos los átomos que aparecen en $\chi$, y entonces tiene, en este aspecto, el mismo efecto que la acción de volverse consciente-de (4.4.1):

$$\Vdash [!\chi]\,\mathrm{A}^{\circ}\,\chi$$

Por otro lado, la segunda parte no se cumple:

**Fact 4.** $\nVdash [!\chi]\,\mathrm{A}^{\mathrm{t}}\,\chi$.

*Demostración.* Como en el 2, tome la fórmula $\neg\,\mathrm{A}^{\circ}\,p$ y el modelo $M = \langle W = \{w\}, N, V, \varnothing\rangle$ sobre el conjunto de átomos $\{p\}$, con la función de vecindad dada como $N(w) = \{W\}$. Como antes, $\neg\,\mathrm{A}^{\circ}\,p^M = W$, por lo que $w \in \neg\,\mathrm{A}^{\circ}\,p^M$. Pero, entonces, el modelo $M^{!\neg\,\mathrm{A}^{\circ}\,p}$ que resulta de la observación de $\neg\,\mathrm{A}^{\circ}\,p$ es tal que $N^{!\neg\,\mathrm{A}^{\circ}\,p} = \{W\}$ y $A^{!\neg\,\mathrm{A}^{\circ}\,p} = \{p\}$. Dado el nuevo conjunto de conciencia, tenemos que $\mathrm{A}^{\circ}\,p^{M^{!\neg\,\mathrm{A}^{\circ}\,p}} = W$ y entonces $\neg\,\mathrm{A}^{\circ}\,p^{A^{!\neg\,\mathrm{A}^{\circ}\,p}} = \varnothing$. Por lo tanto,

$$\begin{aligned}
\mathrm{A}^{\mathrm{t}}\,\neg\,\mathrm{A}^{\circ}\,p^{M^{!\neg\,\mathrm{A}^{\circ}\,p}} &= \{u \in W \mid \neg\,\mathrm{A}^{\circ}\,p^{M^{!\neg\,\mathrm{A}^{\circ}\,p}} \in N^{!\neg\,\mathrm{A}^{\circ}\,p}(u)\} \\
&= \{u \in W \mid \varnothing \in N^{!\neg\,\mathrm{A}^{\circ}\,p}(u)\} \\
&= \varnothing
\end{aligned}$$

de lo cual se sigue que $w \notin [!\neg\,\mathrm{A}^{\circ}\,p]\,\mathrm{A}^{\mathrm{t}}\,\neg\,\mathrm{A}^{\circ}\,p^M$: después de observar $\neg\,\mathrm{A}^{\circ}\,p$, en el mundo $w$ el agente no reconoce $\neg\,\mathrm{A}^{\circ}\,p$ como verdadera. ∎

---

[22]Defínase at$([!\chi]\,\varphi) := \mathrm{at}(\chi) \cup \mathrm{at}(\varphi)$.

Tal y como antes, este fenómeno de Moore no debe tomarse como prueba de que la operación de observación esté definida de manera incorrecta: si la extensión de $\chi$ no se ve afectada por la operación (lo cual es el caso, e.g., para todas las fórmulas proposicionales), la operación hace lo que se espera de ella.

**Proposición 4.4.2.** *Si $\chi \in \mathcal{L}_{[!\chi]}$ es tal que $\Vdash \chi \leftrightarrow [!\chi]\,\chi$, entonces*

$$\Vdash \chi \rightarrow [!\chi]\,\mathrm{A}^{\mathrm{t}}\,\chi.$$

*Demostración.* Tome cualquier $M = \langle W, N, V, A \rangle$ y cualquier $w \in W$ tal que $w \in \chi^M$. Por lo anterior, $M^{!\chi}$ es tal que $\chi^M \in N^{!\chi}(w)$. Entonces, gracias a la equivalencia requerida, $[!\chi]\,\chi^M \in N^{!\chi}(w)$, es decir, $\chi^{M^{!\chi}} \in N^{!\chi}(w)$. Por lo tanto, $w \in \mathrm{A}^{\mathrm{t}}\,\chi^{M^{!\chi}}$, es decir, $w \in [!\chi]\,\mathrm{A}^{\mathrm{t}}\,\chi^M$.  ∎

**Efectos de esta acción en el conocimiento explícito.** El 4 nos dice que

$$\not\Vdash [!\chi]\,\mathrm{K}_{Ex}\,\chi.$$

Sin embargo, la 4.4.2 y la manera en que una observación afecta a aquello de lo que el agente es consciente implican que

$$\Vdash \chi \rightarrow [!\chi]\,\mathrm{K}_{Ex}\,\chi \qquad \text{para toda } \chi \in \mathcal{L}_{[!\chi]} \text{ tal que } \Vdash \chi \leftrightarrow [!\chi]\,\chi.$$

**Olvidar.** Finalmente, además de aceptar nueva información como verdadera (vía razonamiento interno o interacción con el exterior), el agente también puede olvidar parte de lo que sabía. Esta acción es la contraparte de aquella a través de la cual el agente deja de ser consciente de alguna fórmula. Aquí, lo que el agente está considerando permanece como antes; lo que cambia es que, después de esta acción, el agente deja de reconocer que una fórmula dada es verdadera, deja de ser consciente-de-que es el caso.[23]

---

[23]Esta es la versión en modelos de vecindad de la operación de olvidar en modelos relacionales estudiada en [28, 8].

**Definición 4.4.6** (*Olvidar*). *Sea* $M = \langle W, N, V, A \rangle$ *un MVC; sea* $\chi$ *una fórmula en* $\mathcal{L}$. *El modelo* $M^{\backslash \chi} = \langle W, N^{\backslash \chi}, V, A \rangle$ *difiere de* $M$ *tan solo en su función de vecindad, dada para cada* $w \in W$ *como*

$$N^{\backslash \chi}(w) = N(w) \setminus \{\chi^M\}$$

*El lenguaje* $\mathcal{L}_{[\backslash]}$ *extiende* $\mathcal{L}$ *con una modalidad* $[\backslash \chi]$ *para cada fórmula* $\chi$, *con formulas del tipo* $[\backslash \chi]\, \varphi$ *leídas como "$\varphi$ es verdadera después de que el agente olvide* $\chi$",[24] *e interpretadas semánticamente como*

$$[\backslash \chi]\, \varphi^M = \varphi^{M^{\backslash \chi}}.$$

***Propiedades básicas.*** Intuitivamente, después de eliminar la extensión de una fórmula de una vecindad, el agente no debería reconocer dicha formula como verdadera. Sin embargo, como en varios de los casos anteriores, aparecen fenómenos mooreanos: el agente puede haber aceptado una fórmula como verdadera, olvidarla, y aún así seguir considerándola como verdadera después de la acción.

**Fact 5.** $\not\Vdash A^t \chi \rightarrow [\backslash \chi] \neg A^t \chi$.

*Demostración.* Tome el modelo $M = \langle W = \{w_1, w_2\}, N, V, \varnothing \rangle$ sobre el conjunto de átomos $\mathsf{P} = \{p\}$, con $V(p) = \{w_2\}$ y

$$N(w_1) = \{\{w_2\}, W\}, \qquad N(w_2) = \{\ \}.$$

Note como $\neg A^t p^M = W \setminus A^t p^M = W \setminus \{w_1\} = \{w_2\}$, por lo que $\neg A^t p^M \in N(w_1)$ y entonces $w_1 \in A^t \neg A^t p^M$. Sin embargo $M^{\backslash \neg A^t p}$ es tal que

$$N^{\backslash \neg A^t p}(w_1) = \{W\}, \qquad N^{\backslash \neg A^t p}(w_2) = \{\ \}.$$

---

[24]Defínase $\text{at}([\backslash \chi]\, \varphi) := \text{at}(\chi) \cup \text{at}(\varphi)$.

Así, $\neg A^t p^{M \backslash \neg A^t p} = W \backslash A^t p^{M \backslash \neg A^t p} = W \backslash \varnothing = W$, por lo que $\neg A^t p^{M \backslash \neg A^t p} \in N^{\backslash \neg A^t p}(w_1)$ y entonces $w_1 \in A^t \neg A^t p^{M \backslash \neg A^t p}$, es decir, $w_1 \in [\backslash \neg A^t p] A^t \neg A^t p^M$. Por lo tanto, tenemos que $w_1 \in A^t \neg A^t p \wedge [\backslash \neg A^t p] A^t \neg A^t p^M$. ∎

Como antes, la propiedad esperada se cumple para aquellas fórmulas cuya extensión no se ve afectada por la operación.

**Proposición 4.4.3.** *Si* $\chi \in \mathcal{L}_{[\backslash]}$ *es tal que* $\Vdash \chi \leftrightarrow [\backslash \chi] \chi$, *entonces*

$$\Vdash [\backslash \chi] \neg A^t \chi.$$

*Demostración.* Tome cualquier $M = \langle W, N, V, A \rangle$ y cualquier $w \in W$. La definición de $N^{\backslash \chi}$ nos dice que $\chi^M \notin N^{\backslash \chi}(w)$; por lo tanto, dada la equivalencia requerida, $[\backslash \chi] \chi^M \notin N^{\backslash \chi}(w)$, es decir, $\chi^{M \backslash \chi} \notin N^{\backslash \chi}(w)$ y entonces $w \notin A^t \chi^{M \backslash \chi}$, por lo que $w \in \neg A^t \chi^{M \backslash \chi}$ y, finalmente, $w \in [\backslash \chi] \neg A^t \chi^M$. ∎

***El efecto de esta acción en el conocimiento explícito..*** Del 5 se sigue que

$$\nVdash [\backslash \chi] \neg K_{Ex} \chi.$$

Sin embargo, la 4.4.3 nos dice que

$$\Vdash [\backslash \chi] \neg K_{Ex} \chi \qquad \text{para } \chi \in \mathcal{L}_{[\backslash]} \text{ tal que } \Vdash \chi \leftrightarrow [\backslash \chi] \chi$$

## 4.5   Conclusiones y trabajo futuro

Este artículo propone una configuración formal que define una noción de *conocimiento explícito* basada en dos tipos de conciencia: *conciencia-de* y *conciencia-de-que*. EL conocimiento resultante no sufre de las idealizaciones de las que sí sufren otras nociones similares en estructuras semánticas distintas, ya que separa el mero hecho de considerar una información (ser *consciente-de* $\varphi$) del reconocimiento de que una cierta información sea de hecho el caso (ser *consciente-de-que* $\varphi$ es el caso). Estas tres nociones se han definido formalmente y se han analizado sus propiedades más importantes.

El marco propuesto tiene, además, otras características atractivas. Primero, permite una definición natural de *conocimiento implícito*, entendido como el cierre bajo consecuencia lógica de su contraparte *explícita*, basado en la ya conocida relación semántica entre los modelos de vecindad y los relacionales. Segundo, también describe otras nociones epistémicas que surgen al combinar los dos tipos de conciencia mencionados, como aquello que el agente ha reconocido como verdadero, pero no está considerando en el momento actual (informalmente, conocimiento *disasociado*), o aquello que no está considerando ahora mismo, pero podría deducir de lo que ya ha reconocido como verdadero (conocimiento *actualmente inalcanzable*). Tercero, permite representar diferentes acciones epistémicas, algunas de ellas afectando a lo que el agente considera, otras a lo que ha aceptado como verdadero. Se han definido estas acciones y analizado la forma en la que el conocimiento explícito del agente se ve afectado por cada una de ellas.

Hay distintas vías por las que esta propuesta se dejaría extender. Por el lado técnico, lo más importante es la creación de un sistema axiomático correcto y completo para axiomatizar no solo el marco teórico básico (Sección 4.2), sino también sus extensiones dinámicas (Sección 4.4); este sistema está siendo desarrollado, pero se ha pospuesto, por motivos de espacio, para una futura publicación.[25] Por el lado conceptual, un siguiente paso necesario es moverse a una configuración multi-agente, que permita la representación de la información que los agentes 'reales' tienen sobre la información de otros agentes. Adicionalmente, cuando se ven involucrados más de un agente se pueden analizar las versiones

---

[25]Aún así, las propiedades más importantes de los conceptos centrales han sido analizadas (Sección 4.3).

privadas y públicas de las acciones aquí presentadas, lo que le permitirá a los agentes modificar sus estados epistémicos en formas que pueden no ser observadas por todo el mundo. Por último, una última vía interesante sería la extensión a una configuración donde los agentes modelados no solo tengan conocimiento (en un sentido más estricto, probablemente satisfaciendo el *axioma de verdad* $K\,\varphi \rightarrow \varphi$), sino también creencias. Esto permitiría el debate sobre versiones más refinadas de otras acciones epistémicas, empezando por la *revisión de creencias*, pero incluyendo también formas de inferencias no-deductivas (cf. [32, 33]).

# Bibliografía

[1] Carlos Areces and Diego Figueira. Which semantics for neighbourhood semantics? In Craig Boutilier, editor, *IJCAI 2009*, pages 671–676, San Francisco, CA, USA, 2009. AAAI Press.

[2] Philippe Balbiani, David Fernández-Duque, and Emiliano Lorini. The dynamics of epistemic attitudes in resource-bounded agents. *Studia Logica*, 2018.

[3] Brian F. Chellas. *Modal Logic: An Introduction*. Cambridge University Press, 1980.

[4] Jennifer J. Drapkin and D. Perlis. Step-logics: An alternative approach to limited reasoning. In *Proceedings of the European Conf. on Artificial Intelligence*, pages 160–163, 1986.

[5] Fred Dretske. Conscious experience. *Mind*, 102(406):263–283, 1993.

[6] Ho Ngoc Duc. Reasoning about rational, but not logically omniscient, agents. *Journal of Logic and Computation*, 7(5):633–648, 1997.

[7] Ronald Fagin and Joseph Y. Halpern. Belief, awareness, and limited reasoning. *Artificial Intelligence*, 34(1):39–76, 1988.

[8] David Fernández-Duque, Ángel Nepomuceno-Fernández, Enrique Sarrión-Morillo, Fernando Soler-Toscano, and Fernando R. Velázquez-Quesada. Forgetting complex propositions. *Logic Journal of the IGPL*, 23(6):942–965, 2015.

[9] Claudia Fernández-Fernández and Fernando R. Velázquez-Quesada. Reconsidering the 'ingredients' of explicit knowledge. In Pavel Arazim and Tomáš Lávička, editors, *The Logica Yearbook 2017*, pages 47–60. College Publications, 2018.

[10] Jelle Gerbrandy and Willem Groeneveld. Reasoning about information change. *Journal of Logic, Language and Information*, 6(2):147–169, 1997.

[11] Davide Grossi and Fernando R. Velázquez-Quesada. Syntactic awareness in logical dynamics. *Synthese*, 192(12):4071–4105, 2015.

[12] Joseph Y. Halpern and Leandro Chaves Rêgo. Interactive unawareness revisited. *Games and Economic Behavior*, 62(1):232–262, 2008.

[13] Aviad Heifetz, Martin Meier, and Burkhard C. Schipper. A canonical model for interactive unawareness. *Games and Economic Behavior*, 62(1):304–324, 2008.

[14] Jaakko Hintikka. *Knowledge and Belief.* Cornell U.P., Ithaca, 1962.

[15] Kurt Konolige. *A Deduction Model of Belief and its Logics.* PhD thesis, Computer Science Department, Stanford University, Stanford, USA, 1984.

[16] Kurt Konolige. What awareness isn't: A sentential view of implicit and explicit belief. In Joseph Y. Halpern, editor, *Proceedings of TARK 1986*, pages 241–250. Morgan Kaufmann, 1986.

[17] Richard Montague. Universal grammar. *Theoria*, 36(3):373–398,

1970.

[18] Eric Pacuit. *Neighborhood Semantics for Modal Logic*. Springer, 2017.

[19] Jan A. Plaza. Logics of public communications. In M. L. Emrich, M. S. Pfeifer, M. Hadzikadic, and Z. W. Ras, editors, *Proceedings of the 4th International Symposium on Methodologies for Intelligent Systems*, pages 201–216, Tennessee, 1989. ORNL.

[20] Burkhard C. Schipper. Awareness. In Hans van Ditmarsch, Joseph Y. Halpern, Wiebe van der Hoek, and Barteld Kooi, editors, *Handbook of Epistemic Logic*. College Publications, London, 2015.

[21] Dana Scott. Advice on modal logic. In Karel Lambert, editor, *Philosophical Problems in Logic*, pages 143–173. Reidel, Dordrecht, 1970.

[22] Sonja Smets and Anthia Solaki. The effort of reasoning: Modelling the inference steps of boundedly rational agents. In Lawrence S. Moss, Ruy J. G. B. de Queiroz, and Maricarmen Martínez, editors, *Logic, Language, Information, and Computation - 25th International Workshop, WoLLIC 2018, Bogota, Colombia, July 24-27, 2018, Proceedings*, volume 10944 of *Lecture Notes in Computer Science*, pages 307–324. Springer, 2018.

[23] Anthia Solaki. Steps out of logical omniscience. Master's thesis, Institute for Logic, Language and Computation, 2017. ILLC Master of Logic Thesis Series MoL-2017-12.

[24] Robert Stalnaker. The problem of logical omniscience, I. *Synthese*, 89(3):425–440, 1991.

[25] Johan van Benthem. *Logical Dynamics of Information and Interaction*. Cambridge University Press, 2011.

[26] Johan van Benthem and Fernando R. Velázquez-Quesada. The dynamics of awareness. *Synthese*, 177(Supplement-1):5–27, 2010.

[27] Hans van Ditmarsch, Tim French, and Fernando R. Velázquez-Quesada. Action models for knowledge and awareness. In Wiebe van der Hoek, Lin Padgham, Vincent Conitzer, and Michael Winikoff, editors, *AAMAS 2012*, pages 1091–1098. IFAAMAS, 2012.

[28] Hans van Ditmarsch, Andreas Herzig, Jérôme Lang, and Pierre Marquis. Introspective forgetting. *Synthese*, 169(2):405–423, 2009.

[29] Hans van Ditmarsch, Wiebe van der Hoek, and Barteld Kooi. *Dynamic Epistemic Logic*. Springer, Dordrecht, 2008.

[30] Fernando R. Velázquez-Quesada. Inference and update. *Synthese*, 169(2):283–300, 2009.

[31] Fernando R. Velázquez-Quesada. Explicit and implicit knowledge in neighbourhood models. In Davide Grossi, Olivier Roy, and Huaxin Huang, editors, *Logic, Rationality, and Interaction - 4th International Workshop, LORI 2013, Hangzhou, China, October 9-12, 2013, Proceedings*, volume 8196 of *Lecture Notes in Computer Science*, pages 239–252. Springer, 2013.

[32] Fernando R. Velázquez-Quesada. Dynamic epistemic logic for implicit and explicit beliefs. *Journal of Logic, Language and Information*, 23(2):107–140, 2014.

[33] Fernando R. Velázquez-Quesada. Reasoning processes as epistemic dynamics. *Axiomathes*, 25(1):41–60, 2015.

# Capítulo 5

# ¿Es la garantía parte del argumento? Lo que dice Nostradamus

Hubert Marraud
Universidad Autónoma de Madrid

Este es un volumen homenaje a Alfredo Burrieza. Suele suceder en este tipo de obras que cada uno habla de los temas que le interesan en ese momento, aunque su relación con los intereses e investigaciones del homenajeado sea tenue, por no decir inexistente. Me temo que este artículo no es una excepción a esa regla. Alfredo y yo compartimos durante mucho tiempo el interés por la lógica modal, y conozco y estimo sus contribuciones a ese campo. El cultivo de la lógica formal en una Facultad de Filosofía, una experiencia que compartimos, no es ni fácil ni gratificante, así que con el cambio de siglo abandoné la lógica formal en favor de la teoría de la argumentación. Alfredo siguió siendo fiel a la lógica formal, pero su interés por la innovación docente y por el pensamiento crítico nos brindaron nuevos encuentros intelectuales, ya en el siglo XXI. En todo caso, mi admiración por Alfredo sobrevivió a todos mis mudanzas. Sirvan estas líneas para dejar constancia. Va por usted, maestro.

## 5.1   Introducción

He propuesto en varios artículos [7,8,9,10,11] que para definir las partes de un argumento debemos guiarnos por el siguiente principio: A y B son el mismo argumento si y solo si tienen las mismas partes dispuestas del mismo modo. De acuerdo con una definición lógica tradicional, un argumento está formado por un conjunto de enunciados, llamados 'premisas', y un enunciado llamado 'conclusión'. Combinada con el principio anterior, esta definición implica que A y B son el mismo argumento si y solo si tienen el mismo conjunto de premisas y la misma conclusión.

También he argumentado que las propiedades lógicas de los argumentos dependen de factores contextuales, y no solo de las propiedades de sus premisas y su relación con la conclusión, las partes de un argumento no coinciden con las consideraciones relevantes para su evaluación. Denomino 'holismo' a esta posición. Así el argumento *Juan prometió que donaría 100 €, y por tanto Juan debe donar 100 €* está formado por la premisa *Juan prometió que donaría 100 €* y por la conclusión *Juan debe donar 100 €*. Para que ese argumento sea válido — es decir, presente una genuina razón pro tanto para su conclusión — es necesario que Juan lo prometiera libremente, sin amenazas ni coacciones. Mantengo que *Cuando Juan prometió que donaría 100 € lo hizo libremente* no es una premisa oculta del argumento, sino un factor contextual relevante para la evaluación del argumento (una condición de recusación).

La tesis opuesta al holismo es el atomismo, que mantiene que todos los factores relevantes para evaluar lógicamente un argumento son partes de él. Para que las propiedades lógicas de un argumento no dependan de factores contextuales, y salvar el atomismo, se recurre a los conceptos de entimema y de premisa oculta o implícita. Un entimema es un argumento que está incompleto, porque no se han hecho explícitas todas sus partes. La idea es entonces que aquellas consideraciones que son relevantes para determinar las propiedades lógicas de un argumento, pero no figuran entre sus premisas explícitas, son premisas implícitas. Así, *Cuando Juan prometió que donaría 100 € lo hizo libremente* sería una premisa implícita del argumento *Juan prometió que donaría 100 €, y por tanto Juan debe donar 100 €*. Pero esta maniobra hace difusa la identidad de un argumento, porque con un poco de ingenio podemos multiplicar el número de premisas implícitas. Por ejemplo, en el caso que venimos considerando, serían premisas implícitas *Juan tiene 100 €, Juan sabía lo que estaba haciendo cuando hizo la promesa, Juan no necesita esos 100 € para comer*, etc.

La alternativa más conocida al tradicional modelo premisas-conclusión es el modelo de Toulmin [13, 14], que distingue seis elementos en un argumento: datos, conclusión, garantía, respaldo, calificadores modales, y condiciones de recusación. Esos elementos son aspectos que hay que tener en cuenta cuando se evalúa lógicamente un argumento. Si se acepta que las propiedades lógicas de los argumentos dependen también de factores contextuales, se plantea la cuestión de cuáles de los elementos adicionales del modelo de Toulmin deben ser consideradas partes del argumento y cuáles factores contextuales relevantes para su evaluación. En lo que sigue me centraré en la garantía. Como es bien sabido, en el modelo de Toulmin las garantías son enunciados generales, hipotéticos, que funcionan como puentes que conectan los datos o premisas con la conclusión [13, p. 134]. Usando un ejemplo de Toulmin, la garantía del argumento

(A1) Petersen es sueco así que presumiblemente no es católico

es *Es prácticamente seguro que un sueco no es católico* [13, p. 134]. Si la garantía fuera una de las partes de cualquier argumento, A1 sería un entimema, puesto que no se ha hecho explícita una de sus partes — la garantía. En lo que sigue exploro tres posibles respuestas a la pregunta "¿Es la garantía una parte del argumento?":

- la garantía es una parte de cualquier argumento;

- la garantía es una parte de algunos argumentos compuestos;

- la garantía es un factor contextual en la evaluación lógica de un argumento.

La pregunta de si la garantía es una parte del argumento es importante porque, si la respuesta fuera que todos los argumentos tienen una garantía, o que el vínculo de las premisas con la conclusión debe justificarse siempre con una garantía apropiada, argumentar consistiría fundamentalmente en aplicar reglas para extraer conclusiones de datos o premisas — posición que denomino 'generalismo'. Por el contrario, si hubiera argumentos sin garantía, y el vínculo de las premisas con la conclusión se puede justificar de otras maneras, argumentar sería algo muy distinto y bastante más complejo de lo que sugieren los análisis lógicos al uso.

## 5.2   La garantía es una parte de cualquier argumento

Aunque pueden encontrarse, con menos frecuencia, declaraciones que sugieren lo contrario, esta parece ser la posición del propio Toulmin.

> ... a menos que, en cualquier dominio particular de la argumentación, estemos dispuestos a trabajar con garantías de algún tipo, en ese dominio será imposible someter los argumentos a una evaluación racional. Los datos que citamos si se cuestiona una aserción dependen de las garantías con las que estamos dispuestos a operar en ese campo, y las garantías con las que nos comprometemos están

implícitas en los pasos particulares de los datos a la conclusión que estamos dispuestos a dar y a admitir. [13, p. 136].

Considérese, mientras aún estemos a tiempo, el siguiente argumento:

(A2) Según Nostradamus, en 2023 se producirá una catástrofe que acelerará el cambio climático y acabará con la población de varios países europeos, así que una catástrofe acelerará el cambio climático y acabará con la población de varios países europeos.

Si todo argumento consta de premisas, conclusión y garantía, A2 es un argumento incompleto. No es difícil imaginar distintas respuestas a la pregunta "¿Qué tiene que ver una cosa con otra?", y por tanto distintas garantías para A2. Por ejemplo, y entre otras (para indicar la garantía le antepongo 'porque'):

(A3) Según Nostradamus, en 2023 se producirá una catástrofe que acelerará el cambio climático y acabará con la población de varios países europeos, así que en 2023 una catástrofe acelerará el cambio climático y acabará con la población de varios países europeos, porque si lo dice Nostradamus, así será.

(A4) Según Nostradamus, en 2023 se producirá una catástrofe que acelerará el cambio climático y acabará con la población de varios países europeos, así que en 2023 una catástrofe acelerará el cambio climático y acabará con la población de varios países europeos, porque las predicciones de los astrólogos reconocidos suelen cumplirse.

Si la garantía es una parte del argumento, A3 y A4 son dos argumentos distintos, y A2 es, entonces, un argumento incompleto. Que A2 es un argumento incompleto puede querer decir dos cosas distintas:

(a) En A2 hay una parte sobrentendida, no explícita, pero que "está ahí".

(b) A2 no es en rigor un argumento, puesto que le falta una parte, del mismo modo que, en la cadena de montaje, el chasis de un automóvil aún no es un automóvil.

La principal dificultad con (a) es que es posible que quien usa A2 no haya pensado, o incluso no sepa, qué hace del hecho de que Nostradamus predijera una catástrofe en 2023 una razón para creer que se producirá esa catástrofe, de manera que estaría usando un argumento sin saber cuál es, un argumento indeterminado, por así decir. En las definiciones usuales de 'entimema' se explica la omisión de un elemento bien porque es evidente, bien porque es necesario para que el argumento sea válido [15, p. 226]. La primera explicación remite al concepto pragmático de implicatura y la segunda al de argumento lógicamente válido. Sin embargo, la diversidad de posibles garantías hace dudoso que quien afirma A2 dé a entender que Nostradamus es infalible o que las predicciones de los astrólogos reconocidos suelen cumplirse. La segunda explicación de la omisión depende, además, del supuesto atomista de que las partes de un argumento incluyen todos los factores relevantes para su evaluación lógica. Dado que, como señala Toulmin, la garantía a menudo no se hace explícita [13, p. 136], (b) comporta que nuestros intercambios argumentativos consisten principalmente en ofrecer y evaluar esbozos de argumentos, por así decir. Peor aún, podrían consistir en discutir la velocidad que puede alcanzar un automóvil examinando solo su chasis.

## 5.3   La garantía es una parte de algunos argumentos compuestos

Se podría intentar sortear estas dificultades manteniendo que la garantía solo es una parte de *algunos* argumentos, no de todos, y que A2 no es un argumento incompleto. En ese caso, A2, A3 y A4 serían argumentos distintos, y podríamos decir que A2 es un subargumento de A3 y de A4, que serían por ello argumentos compuestos.

Un argumento en serie (o concatenado) se forma combinando dos argumentos que tienen un elemento común, que es la conclusión de uno de ellos y una de las premisas del otro. Un argumento en serie surge cuando alguien cuestiona alguna de las premisas de un argumento. Así, se puede reaccionar al argumento A2 preguntando "¿De dónde te sacas que Nostradamus predijo eso?", pidiendo al proponente es que dé razones para aceptar su premisa. El proponente podría replicar entonces citando la cuarteta 17 de la primera centuria de las profecías de Nostradamus:

> Durante 40 años no aparecerá el arco iris.
> Durante 40 años se verá todos los días.
> La tierra seca se volverá más seca,
> y se verán grandes inundaciones.

Sin embargo, no por eso diríamos que *La cuarteta 17 de la primera centuria de las profecías de Nostradamus afirma que durante 40 años no aparecerá el arco iris, se verá todos los días, la tierra seca se volverá más seca, y se verán grandes inundaciones* es una parte sobrentendida de A2, sino más bien que A2 es un subargumento del argumento compuesto A5:

(A5)  La cuarteta 17 de la primera centuria de las profecías de Nostradamus afirma que durante 40 años no aparecerá el arco iris, que se verá todos los días, la tierra seca se volverá más seca, y se verán grandes inundaciones

Por tanto

Según Nostradamus, en 2023 se producirá una catástrofe que acelerará el cambio climático y acabará con la población de varios países europeos

Por tanto

En 2023 se producirá una catástrofe que acelerará el cambio climático y acabará con la población de varios países europeos

Así, A5 es el resultado de combinar el argumento A2 con el argumento

A6:

(A6)   La cuarteta 17 de la primera centuria de las profecías de
Nostradamus afirma que durante 40 años no aparecerá el
arco iris, se verá todos los días, la tierra seca se volverá más
seca, y se verán grandes inundaciones

Por tanto

Según Nostradamus, en 2023 se producirá una catástrofe que
acelerará el cambio climático y acabará con la población de
varios países europeos

La garantía de A2 responde a la pregunta "¿Y qué que lo predijera
Nostradamus?". La comparación con un argumento en serie sugiere que
A2 es un subargumento de A3, como se muestra en el siguiente diagrama.

(A4)                         Según Nostradamus, en 2023 se producirá una catástrofe que acelerará
el cambio climático y acabará con la
población de varios países europeos

Las predicciones de los     Por tanto,
astrólogos    reconocidos
suelen cumplirse:

En 2023 se producirá una catástrofe
que acelerará el cambio climático y
acabará con la población de varios
países europeos

Según esta segunda posición, la garantía *Las predicciones de los astrólogos reconocidos suelen cumplirse* no sería una parte del argumento A2,
sino una parte del argumento compuesto A4, del que también sería una
parte A2. Podríamos resumir esta explicación diciendo que en A4 la
garantía es a A2, lo que la premisa de A6 es a A2 en A5.

Podría objetarse que un argumento en serie resulta de la combinación
de dos argumentos, mientras que A4, si es un argumento compuesto,

resulta de combinar un argumento y una aseveración. Sin embargo, hay otros modos de composición de argumentos que combinan argumentos y aseveraciones, como mostraré a continuación.

(A7) Supongamos que Nostradamus fuera infalible. En tal caso, no estaríamos aquí discutiéndolo, porque Nostradamus predijo el fin del mundo en 1999 en la cuarteta 72 de la décima centuria: "El año 1999, séptimo mes, vendrá del cielo un gran Rey de espanto. Resucitar al gran Rey de Angolmois, antes, después, Marte reinará por buen dicha".

Este argumento puede ser analizado como una reducción al absurdo:

(A7)    Nostradamus predijo el fin del mundo en 1999 en la cuarteta 72 de la décima centuria de sus Profecías.
Supongamos que Nostradamus fuera infalible
En tal caso
No estaríamos aquí discutiendo si    (Es evidente que) estamos discutiendo si Nostradamus es infalible          tradamus es infalible

Por tanto

Nostradamus no es infalible

En una reducción al absurdo la conclusión se sustenta en dos premisas: una proposición (*Estamos discutiendo si Nostradamus es infalible*) y un argumento hipotético (*Nostradamus predijo el fin del mundo en 1999 en la cuarteta 72 de la décima centuria de sus Profecías; supongamos que Nostradamus fuera infalible. En tal caso, No estaríamos aquí discutiendo si Nostradamus es infalible*). No obstante, el patrón de un argumento con garantía difiere perceptiblemente del de una reducción al absurdo, porque en el primero solo hay un nexo premisas-conclusión mientras que en la segunda hay dos, como en un argumento en serie.

Por ello, la reducción es fácilmente identificable como un argumento compuesto, y un argumento con garantía no lo es.

## 5.4   Otros argumentos sin garantía

Según la explicación precedente, A2 es un subargumento tanto de A3 como de A4. ¿Cuál es la relación entre las propiedades lógicas de A2 y las propiedades lógicas de A3 y A4? O, en general, ¿qué relación hay entre las propiedades lógicas de un argumento sin garantía y las de los argumentos con garantía de los que es un subargumento? Una respuesta tentadora es que un argumento sin garantía es válido si y solo si es un subargumento de algún argumento garantizado válido. Esta respuesta, sin embargo, no es obvia. El proponente de A2 podría responder a la pregunta "¿Y qué tiene que ver una cosa con otra?", comparando A2 con otro argumento: lo mismo que la predicción de Gonzalo Bernardos de que a finales de 2023 la tasa de inflación estará al 3,5 % con la inflación que habrá a finales de ese año.

(A8) Según Nostradamus, en 2023 se producirá una catástrofe que acelerará el cambio climático y acabará con la población de varios países europeos, así que en 2023 una catástrofe acelerará el cambio climático y acabará con la población de varios países europeos, igual que a finales de 2023 la tasa de inflación estará al 3,5 % porque lo ha predicho Gonzalo Bernardos.

A8 parece otro ejemplo de argumento sin garantía. Aunque A8 no tiene una garantía, la comparación con el argumento de la inflación desempeña un papel parecido. Sin embargo, esa analogía no es una garantía, en el sentido de Toulmin, porque compara dos casos particulares y por ello carece de la generalidad necesaria. No parece, pues, que la validez de A8 — en el sentido antes indicado — dependa de que sea posible añadirle una garantía apropiada que conecte premisas y conclusión.

En la teoría de la argumentación el generalismo es la tesis de que argumentar es aplicar reglas generales que especifican qué tipo de conclusiones se pueden extraer de qué tipo de datos, y el particularismo es la tesis de que se puede argumentar sin apelar a reglas generales. La interpretación que acabo de hacer de A8 es, obviamente, particularista. La réplica generalista es interpretar *Igual que a finales de 2023 la tasa de inflación estará al 3,5 % porque lo ha predicho Gonzalo Bernardos* como *Por la misma regla por la que, si Gonzalo Bernardos ha predicho que a finales de 2023 la tasa de inflación estará al 3,5 %, la tasa de inflación estará al 3,5 % a finales de año.* Desde un punto de vista generalista, la función de este segundo argumento (o condicional) sería identificar, sin enunciarla, una regla subyacente, que actuaría como garantía común de los dos argumentos comparados. [1] No me detendré aquí a exponer las debilidades de la interpretación generalista de la analogía, remitiendo al lector interesado a [1].

## 5.5 La garantía es un factor contextual en la evaluación lógica del argumento

Finalmente, podría mantenerse que todos los argumentos que no están formados por combinación de varios argumentos tienen las mismas partes porque la garantía no es una parte de un argumento, sino un factor relevante para su evaluación, comparable a las condiciones de recusación o a los modificadores. Dejando a un lado, por el momento, la garantía, hay dos tipos de elementos contextuales que, sin ser parte del argumento, determinan sus propiedades lógicas: las condiciones y los modificadores [7,8,9,10]. Las condiciones deben darse para que lo que parece o suele ser una razón lo sea efectivamente en una situación dada, mientras que los modificadores son circunstancias que aumentan o disminuyen el peso o

---

[1]Para una instructiva discusión de los méritos de las interpretaciones generalista y particularista de los argumentos basados en precedentes, puede consultarse [5,6].

fuerza de una razón. Que Nostradamus no estuviera bromeando cuando
escribió sus profecías es una condición de A2; que Nostradamus usara la
técnica de Branco es un modificador de A2, intensificante o atenuante,
dependiendo de lo que pensemos de esa técnica adivinatoria. Para quien
crea que la técnica de Branco es fiable, que Nostradamus la usara confie-
re más fuerza a A2, mientras que para quien crea que es una superchería,
le resta fuerza.

Imaginemos que alguien cree que Nostradamus acierta casi siempre
con sus predicciones, pero que los astrólogos son unos charlatanes. Si
la garantía fuera una parte del argumento, y A3 y A4 son argumentos distintos, deberíamos decir que esa persona consideraría válido A3 e
inválido a A4. Si, por el contrario, la garantía es un factor contextual en
la evaluación del argumento, para esa persona A3 — a diferencia de A4
— mostraría que el argumento A2 es válido. Así, no habría un argumento válido y un argumento inválido, sino dos explicaciones de la validez
del mismo argumento. Si ofrecer un argumento es presentar algo como
un razón para otra cosa, la identidad de un argumento viene determinada por qué razón se ofrece, y la consideración presentada como una
razón para creer que en 2023 se producirá una catástrofe que acelerará
el cambio climático y acabará con la población de varios países europeos
es la misma en A2, A3 y A4. La diferencia es que en A2 no se explica
por qué es una razón, y en A3 y A4 se ofrecen explicaciones distintas de
por qué lo es.

Según esta tercera interpretación de la garantía, su lugar en un argumento se parece al de un modificador. Cuando alguien, a propósito
de A2, señala que Nostradamus usaba la técnica de Branco, que considera fiable, no produce un argumento distinto, sino que argumenta que
A2 es un argumento con cierta fuerza. Pero sería claramente erróneo
representar su contribución como una especie de metaargumento:

Nostradamus usaba la técnica de Branco

Por tanto

A2 es un argumento no desdeñable

Argumentar es pedir, dar y *examinar* razones, y en consecuencia el examen de lo que se presenta como un razón — que incluye su evaluación lógica — forma parte de la argumentación. Podríamos decir, por ello, que, con arreglo a esta última posición, la garantía es parte de la argumentación y no del argumento (como me sugirió Fernando Leal).

Podría alegarse que la garantía es muy distinta de los factores contextuales relevantes para evaluar un argumento, porque mientras que un argumento tiene múltiples condiciones de recusación o excepción y modificadores, si tiene garantía, tiene una única garantía. En realidad esta alegación pide la cuestión, puesto que podría replicarse que tanto si lo dice Nostradamus, así será como las predicciones de los astrólogos reconocidos suelen cumplirse son garantías de A3, entre otras muchas. En una situación o mundo posible en el que se cumple alguna de esas regularidades, la predicción de Nostradamus de una catástrofe que en 2023 acelerará el cambio climático y acabará con la población de varios países europeos, sería una razón para creerlo.

## 5.6   Partes de un argumento y compromisos del proponente

En una discusión del estatus de la garantía en academia.edu, André Juthé sugirió una caracterización tentativa de 'parte de un argumento' distinta de la discutida en las páginas precedentes, en términos de compromisos del proponente. La idea es que la aserción 'si Nostradamus predijo algo, es muy probable que suceda' es una parte del argumento A2 si y solo si al proponer A2 el hablante se compromete con esa aserción.

Hay dos respuestas posibles, que corresponden a dos grandes concepciones de la lógica o teoría de los argumentos, que he bautizado como "inferencismo" y "razonismo" [10]. Para el inferencismo argumentar es presentar algo a alguien como algo que se sigue de otra cosa, y un buen argumento es aquel en el que la conclusión se sigue de las premisas, y por consiguiente quien acepta el argumento se compromete con su conclusión. Para el razonismo argumentar es presentar algo a alguien como una razón para otra cosa, y un buen argumento es el que da una buena razón para esa otra cosa. Si hace falta una definición de razones, puede usar esta: "Una razón es una consideración que favorece o aconseja una respuesta determinada, que puede ser una acción, actitud o sentimiento" [3, p. 20; traducción propia]. Según un análisis razonista, quien propone A2 se compromete con la verdad de *Según Nostradamus, en 2023 se producirá una catástrofe que acelerará el cambio climático y acabará con la población de varios países europeos*, y con que eso es una razón para creer que una catástrofe acelerará el cambio climático y acabará con la población de varios países europeos. No se compromete con la verdad de esto último, a diferencia de lo que se desprendería de un análisis inferencista, porque puede haber simultáneamente buenas razones para creer lo contrario. Así, esta caracterización comportaría que la conclusión no es, desde un punto de vista razonista, una parte del argumento. A muchos les parecerá una tesis extravagante, pero lo cierto es que concuerda con la noción de argumento de lingüistas y pragmadialécticos, como muestras los ejemplos siguientes.

El locutor (L) presenta como argumento que «el chicle contiene azúcar y el azúcar arruina los dientes». Se apoya en este argumento para justificar la conclusión: no se debe mascar chicles. [12, ficha 2].

Los enunciados presentados en el curso de la argumentación son razones o, como preferimos llamarlos, argumentos relacionados con un punto de vista. Los argumentos y los puntos de vista se diferencian de otros enunciados por la función que cumplen [...] En la comunicación entre usuarios del lenguaje, mediante un punto de vista se expresa una concepción que supone una cierta toma de posición en una disputa; mediante un argumento, se hace un esfuerzo por defender esa posición. [4, p. 33].

Pero lo que nos interesa ahora es si las garantías de Toulmin son o no una parte del argumento. Cuando se considera esa cuestión partiendo de la definición de las partes de un argumento en términos de los compromisos de quien lo acepta, hay que distinguir tres posiciones.

Según la primera posición, quien propone A2 se compromete con un principio o regla determinado que conecta premisas y conclusión (como si *Nostradamus predijo algo, es muy probable que suceda*), que por ello es una parte de A2. Esta posición, que coincide en lo esencial con la expuesta en § 2, comporta que dos personas pueden usar exactamente las mismas palabras para expresar argumentos distintos, puesto que los compromisos adquiridos dependen de lo expresado, y lo expresado, a diferencia de lo dicho, depende del contexto.

Según la segunda posición, quien propone A2 se compromete con que existe algún principio o regla que conecta premisas y conclusión. En ese caso el enunciado 'Existe una regla que conecta las premisas y la conclusión de A2', que sería así una parte del argumento. Eso parece convertir, de manera forzada, cualquier argumento en un metaargumento.

Finalmente, se puede defender que quien propone A2 solo se compromete con que el hecho de que Nostradamus predijera que en 2023 se producirá una catástrofe que acelerará el cambio climático y acabará con la población de varios países europeos es una razón para creer que en 2023 se producirá una catástrofe que acelerará el cambio climático y acabará con la población de varios países europeos. Ese presupuesto puede expresarse de manera natural como un condicional: 'si Nostradamus predijo que en 2023 se producirá una catástrofe que acelerará el cambio climático y acabará con la población de varios países europeos, entonces en 2023 se producirá una catástrofe que acelerará el cambio climático y acabará con la población de varios países europeos', que sería una parte del argumento. Eso choca, sin embargo, con la intuición de que ese condicional no añade nada a lo dicho en A2. Decir que A2 se compone de premisa, conclusión y condicional es tan desafortunado como decir que una mesa se compone de patas, tablero y posición del tablero sobre las patas. Haciendo una paráfrasis razonista de Robert Brandom [2, p. 75], el condicional es una expresión que permite formular juicios explícitos sobre los compromisos de que algo es una razón para otra cosa.

Creo, en definitiva, que la sugerencia de que las partes de un argumento son aquellas aserciones con las que nos compromete el uso o aceptación del argumento tiene serias dificultades, y requiere cuanto menos una mayor elaboración que limite el tipo de compromisos que definen las partes de un argumento, como admite el propio Juthé.

## 5.7   A modo de conclusión

El propósito de este artículo era describir las posibles respuestas a la pregunta '¿Es la garantía una parte de un argumento?'. He expuesto sucesivamente tres respuestas:

La garantía es una parte de cualquier argumento (completo).

La garantía es una parte de algunos argumentos compuestos.

La garantía es un factor contextual en la evaluación de un argumento

He argumentado que la primera respuesta es implausible, porque comporta que quien ofrece un argumento a menudo no sabe cuál es el argumento que propone, o que nuestros intercambios argumentativos consisten principalmente en ofrecer y evaluar esbozos de argumentos.

La segunda respuesta también es problemática, porque los argumentos con garantía difieren significativamente de los argumentos compuestos, y porque no explica satisfactoriamente la relación entre el argumento sin garantía y los argumentos resultantes de añadirle una garantía. Por ello, me inclino por la tercera respuesta: la garantía es un factor contextual en la evaluación lógica de los argumentos. Eso supone un doble compromiso con el holismo y el particularismo.

# Bibliografía

[1] José Alhambra. A Particularist Approach to Arguments by Analogy. *Argumentation*, 2023. `https://doi.org/10.1007/s10503-023-09616-7`

[2] Robert Brandom. *La articulación de las razones. Un introducción al inferencialismo. Traducción de Eduardo de Bustos y Eulalia Pérez Sedeño*. Siglo XXI, 2002 [2000].

[3] Jonathan, Dancy. When reasons don't rhyme. *The Philosophers' Magazine* 37, 24-19, 2007.

[4] Frans H. van Eemeren y Rob Grootendorst. *Argumentación, comunicación y falacias. Una perspectiva pragma-dialéctica*. Traducción al español de Celso López y Ana María Vicuña. Ediciones de la Universidad Católica de Chile, 2002.

[5] Grant Lamond. Do Precedents Create Rules? *Legal Theory*, 1, pp. 1–26, 2005.

[6] Grant Lamond. Precedent and Analogy in Legal Reasoning, en Edward N. Zalta, ed., *The Stanford Encyclopedia of Philosophy*, disponible en `https://plato.stanford.edu/archives/spr2016/entries/legal-reas-prec/`, 2016.

[7] Huberto Marraud. *En buena lógica: Una introducción a la teoría*

*de la argumentación*. Editorial Universidad de Guadalajara, 2020a.

[8] Huberto Marraud. Holism of Reasons and its Consequences for Argumentation Theory. En C. Dutilh Novaes et al., Reasons to Dissent. *Proceedings of the 3rd ECA Conference*, 167-180. College Publications, 2020b.

[9] Huberto Marraud. Holismo y atomismo en teoría de los argumentos. *Diálogo filosófico*, Nº 111, pp. 401-418, 2021.

[10] Huberto Marraud. Una modesta proposición para clasificar las teorías de los argumentos. *Aitías, Revista de Estudios Filosóficos del Centro de Estudios Humanísticos de La UANL*, 2(3), 21–47, 2022a. `https://doi.org/10.29105/aitas2.3-29`

[11] Huberto Marraud. La fuerza lógica de los argumentos a la luz del extraño caso de los comedores de ajo crudo. *Revista Iberoamericana de Argumentación* 24, pp.2-84, 2022b.

[12] Nora Isabel Muñoz y Christian Plantin. *El hacer argumentativo*. Biblos, 2011.

[13] Stephen E. Toulmim. *Los usos de la argumentación*. Traducción de María Morrás y Victoria Pineda. Península, 2007 [1958].

[14] Stephen E. Toulmim, Richard Rieke y Allan Janik. *Una introducción al razonamiento*. Traducción de José Gascón. Palestra, 2018 [1984].

[15] Luis Vega Reñón. Entimema. En L. Vega Reñón y p. Olmos Gómez, *Compendio de lógica, argumentación y retórica*, pp. 226-228. Trotta, 2011.

# Capítulo 6

# Conexiones de Galois relacionales

EMILIO MUÑOZ-VELASCO
Universidad de Málaga

MANUEL OJEDA-ACIEGO
Universidad de Málaga

## 6.1 Introducción

Las conexiones de Galois generalizan la correspondencia entre subgrupos y subcuerpos, descubierta en el siglo XIX por el matemático francés Évariste Galois. Su historia verdaderamente comienza con los trabajos de Garreth Birkhoff sobre teoría de retículos; en la primera edición de su "Lattice theory" [2], Birkhoff introdujo el concepto de *polaridad* asociado a una relación binaria (posteriormente usado por Rudolph Wille para desarrollar su *Análisis de Conceptos Formales* [23]) y estudió los vínculos existentes entre los operadores de clausura, los sistemas de clausura y las aplicaciones que conservan el orden, formalizándolos bajo el término *conexión de Galois*, esta vez definida entre dos conjuntos parcialmente ordenados.

Desde su introducción, las conexiones de Galois han sido ampliamente estudiadas desde el punto de vista formal, y extensamente aplicadas en varias ramas, no solo de las matemáticas, sino también de la lógica y las ciencias de la computación. A pesar del tiempo transcurrido desde su introducción, periódicamente aparecen nuevas publicaciones que aportan generalizaciones abstractas, al tiempo que se exploran nuevas aplicaciones. Las conexiones de Galois, junto con las adjunciones (su versión isótona), constituyen una herramienta fundamental para la semántica de varios campos de investigación relacionados con la ciencia de datos. Este hecho ha sido descrito desde diferentes puntos de vista en la bibliografía: Teoría del Aprendizaje, Clasificación Conceptual, Bases de Datos Relacionales [12, 16, 19, 20, 21, 22] y, por lo que respecta a nuestras líneas de investigación, el Análisis de Conceptos Formales y los fundamentos de la Teoría de Conjuntos Difusos véase, por ejemplo, [1, 3, 8, 13, 17].

## 6.2   Objetivo de este trabajo

En el Análisis de Conceptos Formales, a partir de una tabla binaria que expresa la relación de incidencia entre un conjunto de objetos y un conjunto de propiedades, una conexión de Galois permite asociar subconjuntos de objetos y subconjuntos de atributos. Una de nuestras líneas de investigación es la de establecer condiciones necesarias y suficientes que aseguren la existencia de una conexión de Galois con ciertas condiciones iniciales.

El caso más simple en esta dirección se mostró en [15], donde conseguimos caracterizar la existencia del residuo (también llamado adjunto a la derecha, o parte derecha de una conexión) de una aplicación dada entre conjuntos con una estructura algebraica diferente.[1] Es-

---

[1]Cabe mencionar que precisamente esta condición de tener una estructura diferente

pecíficamente, dada una aplicación $f \colon A \to B$ desde un conjunto (pre-) ordenado $(A, \leq_A)$ a un conjunto no estructurado $B$, caracterizamos el problema de completar la estructura de $B$, es decir, definir una relación de (pre-)orden adecuada $\leq_B$ sobre $B$, tal que exista una segunda aplicación para la que el par de aplicaciones forme una conexión isótona de Galois entre los conjuntos (pre-)ordenados $(A, \leq_A)$ y $(B, \leq_B)$.

Más tarde, en [5], extendimos estos resultados al marco difuso considerando el problema correspondiente entre un *preposet* difuso $(A, \rho_A)$ y un conjunto $B$ no estructurado. Esta idea se amplió en [4], suponiendo que la igualdad se expresa mediante una relación de equivalencia difusa, considerando así una correspondencia entre una estructura difusa preordenada $(A, \approx_A, \rho_A)$ y una estructura difusa $(B, \approx_B)$.

En [5, 4] se extiende y resuelve satisfactoriamente el problema en el ámbito difuso en lo que se refiere al dominio y al rango de la aplicación $f$, sin embargo, en ambos casos, los componentes de la conexión de Galois son funciones nítidas (*crisp*).

En la bibliografía se pueden encontrar algunas aproximaciones a versiones "relacionales" de la noción de conexión de Galois, en un sentido u otro. Por ejemplo, las *essential Galois bonds* entre contextos, introducidas por Xia [25], están relacionadas con nuestro trabajo en el sentido de que sus componentes son relaciones; esta noción fue renombrada posteriormente como *relational Galois connection* en [11], donde se desarrolló un lenguaje unificador para hacer frente a intentos similares de Domenach y Leclerc [9] y Wille [24].

Dado el interés mostrado recientemente por nuestro querido Alfredo Burrieza por las conexiones de Galois [7] en este trabajo, basándonos en los resultados de [6], abordamos una generalización de la noción de conexión de Galois al caso en que sus componentes son *relaciones* entre

---

es lo que hace que el problema quede fuera del alcance del teorema del funtor adjunto de Freyd [18, pág. 120].

conjuntos equipados únicamente con una *relación transitiva* (que llamaremos *T-dígrafos*). Este marco permite mantener un gran nivel de abstracción sin comprometer la capacidad de reflejar las propiedades de clausura [14], pues dichas propiedades permiten obtener una condición necesaria y suficiente para construir una conexión relacional de Galois a partir de un T-dígrafo, un conjunto sin estructura y una relación entre ambos. La construcción clave para desarrollar nuestro enfoque relacional es la *potenciación*, que permite elevar una relación $\mathcal{R}$ entre dos conjuntos $A$ y $B$ a una relación $\mathcal{R}'$ entre los conjuntos potencia $2^A$ y $2^B$.

El resto el trabajo se estructura como sigue: tras una sección con los preliminares básicos, pasamos a introducir la noción de conexión de Galois relacional, para continuar estudiando la caracterización de dicha definición con la condición de Galois en la siguiente sección. Finalizamos el trabajo con el estudio del problema de la existencia de una conexión de Galois relacional entre un T-dígrafo y un conjunto sin estructura, seguido de una sección de conclusiones y la dedicatoria.

## 6.3   Preliminares

Suponemos que el lector está familiarizado con las nociones estándar de *relación*, su *dominio* y su *rango*, su *composición*, la propiedad de *totalidad*, y las definiciones de *relación de preorden* y *relación de orden*.

Existen diferentes maneras de extender un preorden $\leq$ de $A$ al conjunto $2^A$ de las partes de $A$, entre ellas, recordamos las siguientes:

$$X \ll Y \iff \text{para todo } x \in X \text{ existe } y \in Y \text{ tal que } x \leq y$$
$$X \Subset Y \iff \text{para todo } y \in Y \text{ existe } x \in X \text{ tal que } x \leq y.$$

Obsérvese que las dos relaciones definidas anteriormente son también preórdenes, y pueden identificarse con las conocidas como relaciones de Hoare y Smyth, respectivamente [10].

Dada una relación $\mathcal{R}$ entre dos preórdenes $(A, \leq)$ y $(B, \leq)$,

- $\mathcal{R}$ es $\Subset$-isótona si $a_1 \leq a_2$ implica que $a_1^{\mathcal{R}} \Subset a_2^{\mathcal{R}}$, para todo $a_1, a_2 \in$ dom$(\mathcal{R})$;

- $\mathcal{R}$ es $\Subset$-antítona si $a_1 \leq a_2$ implica $a_2^{\mathcal{R}} \Subset a_1^{\mathcal{R}}$, para todo $a_1, a_2 \in$ dom$(\mathcal{R})$.

Una relación $\mathcal{R}$ en $A$, se dice:

- $\Subset$-inflacionaria si $\{a\} \Subset a^{\mathcal{R}}$, para todo $a \in$ dom$(\mathcal{R})$;

- $\Subset$-idempotente si $a^{\mathcal{R} \circ \mathcal{R}} \Subset a^{\mathcal{R}}$ y $a^{\mathcal{R}} \Subset a^{\mathcal{R} \circ \mathcal{R}}$, para todo $a \in$ dom$(\mathcal{R})$.

A partir de ahora, supondremos que todas las relaciones son totales.

Finalizamos esta sección recordando la definición de *conexión de Galois* en el sentido clásico. Dados dos conjuntos ordenados $(A, \leq)$ y $(B, \leq)$, y dos funciones $f \colon A \to B$, $g \colon B \to A$, diremos que $(f, g)$ es una conexión de Galois entre $A$ y $B$ si $f, g$ son antítonas y sus composiciones $f \circ g$ y $g \circ f$ son inflacionarias.

La definición de conexión de Galois se puede expresar equivalentemente de varias formas:

**Teorema 1.** *Dados dos conjuntos ordenados $(A, \leq)$ y $(B, \leq)$, y dos funciones $f \colon A \to B$, $g \colon B \to A$, los tres enunciados siguientes son equivalentes:*

*(i) El par $(f, g)$ es una conexión de Galois.*

*(ii) Para todo $a \in A$ y $b \in B$, se cumple $a \leq g(b) \iff b \leq f(a)$.*

*(iii) $f$ y $g$ son antítonas y $f \circ g$ y $g \circ f$ son inflacionarias.*

La caracterización dada en el item *ii* se conoce como *condición de Galois*.

Dadas dos relaciones $\mathcal{R}$ de $A$ en $B$ y $\mathcal{S}$ de $B$ en $A$, nuestra intención es utilizar las extensiones al conjunto de partes para definir la conexión de Galois $(\mathcal{R}, \mathcal{S})$. El ejemplo siguiente muestra que la relación de Hoare no nos sirve, por lo que utilizaremos a partir de ahora la de Smyth.

**Ejemplo 6.3.1.** *Consideremos el conjunto de los números naturales junto con la ordenación discreta dada por la relación de identidad* $(\mathbb{N}, =)$, *y consideremos la relación* $\mathcal{R}$ *dada por* $n^{\mathcal{R}} = \{0, \ldots, n+1\}$. *La relación* $\mathcal{R}$ *es trivialmente* $\ll$-*antítona, y* $\mathcal{R} \circ \mathcal{R}$ *es obviamente* $\ll$-*inflacionaria; sin embargo, no tendría sentido considerar* $(\mathcal{R}, \mathcal{R})$ *como una conexión de Galois, ya que no se cumple la condición de Galois respecto de* $\ll$.

## 6.4    Conexiones relacionales entre T-digrafos

Nuestro marco general será el de los conjuntos dotados de una relación transitiva: nos referiremos a un par $\mathbb{A} = (A, \tau)$, con una relación transitiva $\tau \subseteq A \times A$, como un *T-digrafo*.

**Definición 6.4.1.** *Una conexión de Galois relacional entre dos T-digrafos* $\mathbb{A}$ *y* $\mathbb{B}$ *es un par de relaciones* $(\mathcal{R}, \mathcal{S})$ *donde* $\mathcal{R} \subseteq A \times B$ *y* $\mathcal{S} \subseteq B \times A$ *tales que se cumplen las siguientes propiedades:*

(i) $\mathcal{R}$ *y* $\mathcal{S}$ *son* $\Subset$-*antítonas.*

(ii) $\mathcal{R} \circ \mathcal{S}$ *y* $\mathcal{S} \circ \mathcal{R}$ *son* $\Subset$-*inflacionarias.*

Nótese que podemos considerar la extensión $\Subset$ incluso si la relación subyacente $\tau$ no es un preorden. En este caso, la relación elevada no tiene por qué ser un preorden, pero, de todos modos, hereda la transitividad. Obsérvese que $(\mathcal{R}, \mathcal{S})$ es una conexión de Galois relacional entre $\mathbb{A}$ y $\mathbb{B}$ si y sólo si $(\mathcal{S}, \mathcal{R})$ es una conexión de Galois relacional entre $\mathbb{B}$ y $\mathbb{A}$.

A continuación mostramos un ejemplo en el que tanto $\mathcal{R}$ como $\mathcal{S}$ son relaciones propias (no funcionales).

**Ejemplo 6.4.1.** *Consideremos* $\mathbb{A} = (A, \tau)$ *donde* $A = \{1, 2, 3\}$ *y* $\tau$ *es la relación transitiva* $\{(1, 2), (1, 3), (2, 2), (2, 3), (3, 2), (3, 3)\}$. *La pareja de relaciones* $(\mathcal{R}, \mathcal{S})$ *dadas por las tablas siguientes constituye una conexión de Galois relacional entre* $\mathbb{A}$ *y* $\mathbb{A}$.

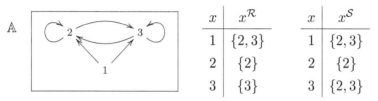

| $x$ | $x^{\mathcal{R}}$ | $x$ | $x^{\mathcal{S}}$ |
|---|---|---|---|
| 1 | $\{2, 3\}$ | 1 | $\{2, 3\}$ |
| 2 | $\{2\}$ | 2 | $\{2\}$ |
| 3 | $\{3\}$ | 3 | $\{2, 3\}$ |

Dada una relación $\mathcal{R} \subseteq A \times B$, las imágenes directa y subdirecta de $A$ bajo la relación $\mathcal{R}$ definen dos funciones entre los conjuntos potencia $2^A$ y $2^B$.

- *Extensión Directa* de $\mathcal{R}$, denotada por $\mathcal{R}(\cdot) \colon 2^A \to 2^B$, y definida como $\mathcal{R}(X) = \bigcup_{x \in X} x^{\mathcal{R}}$;

- *Extensión Subdirecta* de $\mathcal{R}$, denotada por $(\cdot)^{\mathcal{R}} \colon 2^A \to 2^B$, y definida como $X^{\mathcal{R}} = \bigcap_{x \in X} x^{\mathcal{R}}$.

Dados $(A, \tau)$ y $(B, \tau)$, dos relaciones $\mathcal{R} \subseteq A \times B$ y $\mathcal{S} \subseteq B \times A$ pueden extenderse a funciones entre los correspondientes conjuntos potencia $2^A$ y $2^B$. En este marco, merece la pena estudiar la posible relación entre la noción estándar de conexión de Galois y la noción de conexión relacional de Galois introducida anteriormente. Demostramos que la noción estándar no implica ni es implicada por nuestra noción de conexión de Galois relacional.

El siguiente ejemplo muestra una conexión de Galois relacional cuya extensión directa al conjunto potencia (de Smyth) no es una conexión de Galois clásica.

**Ejemplo 6.4.2.** *Sean* $\mathbb{A}$ *y* $\mathbb{B}$, $\mathcal{R} \subseteq A \times B$ *y* $\mathcal{S} \subseteq B \times A$ *los T-digrafos y las relaciones definidas como sigue:*

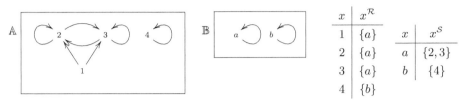

| $x$ | $x^{\mathcal{R}}$ |
|---|---|
| 1 | $\{a\}$ |
| 2 | $\{a\}$ |
| 3 | $\{a\}$ |
| 4 | $\{b\}$ |

| $x$ | $x^{\mathcal{S}}$ |
|---|---|
| $a$ | $\{2,3\}$ |
| $b$ | $\{4\}$ |

*Es fácil comprobar que $(\mathcal{R}, \mathcal{S})$ es una conexión de Galois relacional, pero su extensión directa a los conjuntos potencia no es una conexión de Galois. Obsérvese que $\{1,4\} \in \mathcal{S}(\{a\}) = \{2,3\}$ y, sin embargo, $\{a\} \notin \mathcal{R}(\{1,4\}) = \{a,b\}$.*

Los dos ejemplos siguientes se refieren a estructuras preordenadas como casos particulares de T-digrafos; en ambos casos, los grafos representados inducen los preórdenes mediante la clausura reflexiva y transitiva. El primer ejemplo muestra una conexión de Galois relacional cuya extensión subdirecta al conjunto potencia (de Smyth) no es una conexión de Galois clásica.

**Ejemplo 6.4.3.** *Sean $\mathbb{A}$ el conjunto preordenado inducido por el grafo de abajo, y $\mathcal{R} \subseteq A \times A$ la relación definida como sigue:*

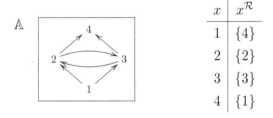

| $x$ | $x^{\mathcal{R}}$ |
|---|---|
| 1 | $\{4\}$ |
| 2 | $\{2\}$ |
| 3 | $\{3\}$ |
| 4 | $\{1\}$ |

*Es sencillo comprobar que $(\mathcal{R}, \mathcal{R})$ es una conexión de Galois relacional entre $\mathbb{A}$ y $\mathbb{A}$, pero su extensión subdirecta no es una conexión de Galois. Obsérvese que $\{4\} \in \{2,3\}^{\mathcal{R}} = \{2\}^{\mathcal{R}} \cap \{3\}^{\mathcal{R}} = \varnothing$, mientras que, $\{2,3\} \notin \{4\}^{\mathcal{S}} = \{1\}$.*

El segundo ejemplo muestra una conexión de Galois clásica entre conjuntos potencia, cuya restricción a los conjuntos unitarios no es una conexión de Galois relacional.

**Ejemplo 6.4.4.** *Dado el conjunto preordenado* $\mathbb{A} = (A, \leq)$*, su extensión de Smyth y la función* $f \colon 2^A \to 2^A$ *representados más abajo, el par* $(f, f)$ *es una conexión de Galois entre* $2^{\mathbb{A}}_{\Subset} = (2^A, \Subset)$ *y* $2^{\mathbb{A}}_{\Subset} = (2^A, \Subset)$.

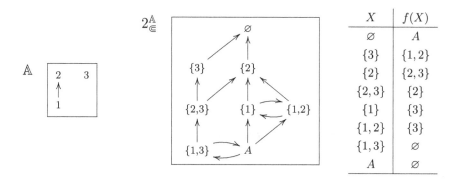

| $X$ | $f(X)$ |
|---|---|
| $\varnothing$ | $A$ |
| $\{3\}$ | $\{1,2\}$ |
| $\{2\}$ | $\{2,3\}$ |
| $\{2,3\}$ | $\{2\}$ |
| $\{1\}$ | $\{3\}$ |
| $\{1,2\}$ | $\{3\}$ |
| $\{1,3\}$ | $\varnothing$ |
| $A$ | $\varnothing$ |

*La restricción correspondiente de la función anterior entre conjuntos potencia a simpletes es la relación* $\mathcal{R}$ *en* $A$ *dada por*

| $x$ | $x^{\mathcal{R}}$ |
|---|---|
| 1 | $\{3\}$ |
| 2 | $\{2,3\}$ |
| 3 | $\{1,2\}$ |

*El par* $(\mathcal{R}, \mathcal{R})$ *no es una conexión de Galois relacional porque* $2 \notin 2^{\mathcal{R} \circ \mathcal{R}}$.

## 6.5 Caracterización de las conexiones de Galois relacionales

Teniendo en cuenta la caracterización de las conexiones de Galois clásicas entre posets, la definición de una conexión de Galois relacional dada anteriormente *podría* ser equivalente a la condición de Galois correspondiente, a saber:

$$\{a\} \Subset b^{\mathcal{S}} \iff \{b\} \Subset a^{\mathcal{R}}, \text{ para todo } a \in A, b \in B. \qquad (6.1)$$

Sin embargo, el siguiente ejemplo muestra que la condición de Galois (6.1) no implica que $(\mathcal{R}, \mathcal{S})$ sea una conexión de Galois relacional.

**Ejemplo 6.5.1.** *Consideremos el T-digrafo* $\mathbb{A}$ *y las relaciones* $\mathcal{R}$ *y* $\mathcal{S}$ *definidas a continuación.*

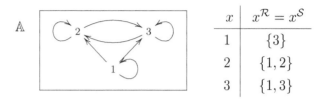

| $x$ | $x^{\mathcal{R}} = x^{\mathcal{S}}$ |
|---|---|
| 1 | $\{3\}$ |
| 2 | $\{1,2\}$ |
| 3 | $\{1,3\}$ |

*Es sólo cuestión de cálculo comprobar que* $(\mathcal{R}, \mathcal{S})$ *verifica la condición de Galois* (6.1), *pero no es una conexión de Galois relacional porque, por ejemplo,* $\mathcal{R} \circ \mathcal{S}$ *no es* $\Subset$*-inflacionaria, ya que* $\{2\} \not\Subset \{2\}^{\mathcal{R} \circ \mathcal{S}}$.

Para completar la caracterización de la conexión de Galois, vamos a introducir el concepto de *clique*. La siguiente extensión al conjunto potencia de una relación transitiva $\tau$ nos va a ayudar.

$$X \propto Y \iff \text{para todo } x \in X, y \in Y \text{ se verifica } x \tau y.$$

Pasamos ya a definir el concepto de clique.

**Definición 6.5.1.** *Sea* $(A, \tau)$ *un T-digrafo y* $X \subseteq A$. *Decimos que* $X$ *es un clique si* $X \propto X$.

Obsérvese que hay una relación muy cercana entre $\Subset$ y $\propto$, ya que para todo $x \in A$ y todo $Y \subseteq A$, se tiene que

$$\{x\} \Subset Y \iff \{x\} \propto Y.$$

En particular, las nociones de $\Subset$-inflacionaria y $\propto$-inflacionaria, así como las versiones correspondientes de la condición de Galois son equivalentes.

Ya estamos en condiciones de caracterizar las conexiones de Galois relacionales.

**Proposición 1.** $(\mathcal{R}, \mathcal{S})$ *es una conexión de Galois relacional entre* $\mathbb{A}$ *y* $\mathbb{B}$ *si y solo si se verifican las siguientes condiciones:*

(i) $\{a\} \Subset b^{\mathcal{S}} \iff \{b\} \Subset a^{\mathcal{R}}$ *para todo* $a \in A$ *y* $b \in B$.

(ii) $a^{\mathcal{R}}$ *y* $b^{\mathcal{S}}$ *son cliques, para todo* $a \in A$ *y* $b \in B$.

## 6.6 Construcción de conexiones de Galois relacionales entre un T-digrafo y un conjunto sin estructura

Es importante recordar que la construcción estándar del adjunto a la derecha puede enunciarse en términos de operadores de clausura [14, 15]. Como esto tiene algunas ventajas, elaboraremos una aproximación relacional a la noción de operador de clausura y estudiaremos su vínculo con las conexiones de Galois relacionales, manteniendo un equilibrio adecuado entre generalidad y conservación de propiedades del marco estándar. Terminaremos con el teorema de existencia del adjunto de una conexión de Galois relacional.

**Definición 6.6.1.** *Sea* $(A, \tau)$ *un T-digrafo y* $\mathcal{R} \subseteq A \times A$. *La relación* $\mathcal{R}$ *se dice que es de* clausura *si se cumplen las siguientes propiedades:*

(i) $\mathcal{R}$ *es* $\propto$*-inflacionaria.*

(ii) $\mathcal{R}$ *es* $\propto$*-isótona.*

(iii) $a^{\mathcal{R} \circ \mathcal{R}} \propto a^{\mathcal{R}}$ *para todo* $a \in A$.

Con la definición anterior tenemos que $a^{\mathcal{R}} \propto a^{\mathcal{R} \circ \mathcal{R}}$ para todo $a \in A$, como consecuencia de que $\mathcal{R}$ es $\propto$-inflacionaria y $\propto$-isótona. Como resultado, tendríamos que $a^{\mathcal{R}} \propto a^{\mathcal{R} \circ \mathcal{R}}$ y $a^{\mathcal{R} \circ \mathcal{R}} \propto a^{\mathcal{R}}$, i.e., $\mathcal{R}$ es $\propto$-idempotente. Por lo tanto, la condición (6.6.1) de la Definición 6.6.1 se puede reemplazar por que $\mathcal{R}$ sea $\propto$-idempotente.

Nuestra definición de conexión de Galois relacional, mantiene los vínculos clásicos con los operadores de clausura.

**Teorema 2.** *Sea* $(\mathcal{R}, \mathcal{S})$ *una conexión de Galois relacional entre dos T-digrafos* $(A, \tau)$ *y* $(B, \tau)$*. Entonces, tanto* $\mathcal{R} \circ \mathcal{S}$ *como* $\mathcal{S} \circ \mathcal{R}$ *son relaciones de clausura.*

Introducimos ahora la noción de sistema de clausura en nuestro marco. Para empezar, dado un T-digrafo $(A, \tau)$ y $X \subseteq A$, escribiremos

$$m(X) = \{a \in X \mid a \propto X\}.$$

No es difícil comprobar que $m(X)$ es un clique para todo $X \subseteq A$.

**Definición 6.6.2.** *Sea* $(A, \tau)$ *un T-digrafo. Un subconjunto* $C \subseteq A$ *se dice que es un* sistema de clausura relacional *en* $A$ *si* $m(a^\tau \cap C)$ *es no vacío para todo* $a \in A$*.*

Para terminar, introducimos la condición necesaria y suficiente para construir una conexión de Galois relacional dado un T-digrafo y una relación binaria. La condición se da en términos de sistemas de clausura relacionales, siguiendo la línea de [14].

**Teorema 3.** *Sea* $\mathbb{A} = (A, \tau)$ *un T-digrafo y* $\mathcal{R} \subseteq A \times B$ *una relación. Entonces existe una relación transitiva* $\tau'$ *sobre* $B$*, y una relación* $\mathcal{S} \subseteq B \times A$ *tal que* $(\mathcal{R}, \mathcal{S})$ *es una conexión de Galois relacional entre* $(A, \tau)$ *y* $(B, \tau')$ *si y solo si existe un sistema de clausura relacional* $C \subseteq A$ *que cumple la condición siguiente:*

$$si \quad a_1^\mathcal{R} \cap a_2^\mathcal{R} \neq \varnothing \quad entonces \quad a_1^\tau \cap C = a_2^\tau \cap C. \tag{6.2}$$

## 6.7   Dedicatoria

Sirva este trabajo como un pequeño homenaje a Alfredo Burrieza. En mi caso, Alfredo ha sido una de las personas más importantes en mi carrera investigadora, no sólo por ser uno de mis directores de tesis, sino por nuestra estrecha relación durante más de veinte años. Durante ese tiempo hemos publicado muchos artículos, pero lo que ha dejado más huella en mi persona han sido las interesantes discusiones que hemos tenido tanto en persona como por teléfono. Alfredo, nunca te estaré lo suficientemente agradecido por todo lo que me has enseñado y sigues enseñándome. Si tengo que destacar algo, me quedo con tu profunda vocación investigadora y las ganas de aprender y abordar nuevos retos que contagias. Tanto es así, que espero poder seguir disfrutando y aprendiendo contigo (y de ti) todo lo que podamos. Un abrazo amigo.

Emilio.

Recuerdo con agrado la primera vez que nos vimos, allá por 1989, en una reunión organizada por Inma Pérez de Guzmán con vistas a la formación de su nuevo grupo de investigación. Yo no me enteraba demasiado de lo que estabas hablando (eran lógicas no clásicas) y lo peor es que había palabras que no entendía, como "fóierbaj"; afortunadamente en la pizarra luego apareció "Feuerbach" y empecé a ligar conceptos.

Con el tiempo, y ya han pasado unos años, tuve la suerte de publicar conjuntamente contigo y poder apreciar tus conocimientos y tu gran capacidad de trabajo (que no siempre van unidos). Con todo eso, lo mejor de todo, ha sido poder comprobar la gran persona que eres, con ese especial sentido del humor, siempre irónico y un puntito mordaz.

Es un placer poner mi granito de arena en este homenaje y terminar esta dedicatoria de la manera más moderna posible, para ello le he pedido a ChatGPT "Describe a mi amigo Alfredo, el lógico, con un acróstico", y el resultado ha sido el siguiente:

> *A veces enigmático en su mirada,*
> *Levantando el velo de la realidad,*
> *Filósofo incansable, mente aguda y despierta,*
> *Razona con astucia, la lógica es su carta.*
> *En cada argumento su pensamiento avanza,*
> *Debate con solidez, sin temor a dudar,*
> *Ordena las ideas con destreza y confianza.*

No está mal pero necesita mejoras, seguro que si me pongo me hubiera salido algo mejor, pero no queda tiempo y tengo que entreg. . .

Manolo.

# Bibliografía

[1] Lubomir Antoni, Stanislav Krajči, and Ondrej Krídlo. Representation of fuzzy subsets by galois connections. *Fuzzy Sets and Systems*, 326:52–68, 2017.

[2] Garrett Birkhoff. *Lattice theory*. American Mathematical Society [First edition 1940], 1967.

[3] Peter Butka, Jozef Pócs, and Jana Pócsová. Isotone Galois connections and generalized one-sided concept lattices. In Proceedings of Multimedia and Network Information Systems (MISSI), pages 151–160. Springer, 2019.

[4] Inma P Cabrera, Pablo Cordero, Francisca García-Pardo, Manuel Ojeda-Aciego, and Bernard De Baets. Galois connections between a fuzzy preordered structure and a general fuzzy structure. *IEEE Transactions on Fuzzy Systems*, 26(3):1274–1287, 2017.

[5] Inma P Cabrera, Pablo Cordero, Francisca García-Pardo, Manuel Ojeda-Aciego, and Bernard De Baets. On the construction of adjunctions between a fuzzy preposet and an unstructured set. *Fuzzy Sets and Systems*, 320:81–92, 2017.

[6] Inma P Cabrera, Pablo Cordero, Emilio Muñoz-Velasco, Manuel Ojeda-Aciego, and Bernard De Baets. Relational galois connections between transitive digraphs: characterization and construction. *Information Sciences*, 519:439–450, 2020.

[7] I. P. de Guzmán, A. Yuste-Ginel, and A. Burrieza. A multi-modal

logic for galois connections. In *Advances in Modal Logic*, pages 155–176. College Publications, 2022.

[8] J. T. Denniston, A. Melton, and S. E. Rodabaugh. Formal contexts, formal concept analysis, and Galois connections. In *Electr. Proc. on Theoretical Computer Science*, pages 105–120, 129, 2013.

[9] F. Domenach and B. Leclerc. Biclosed binary relations and Galois connection. *Order*, 18(1):89–104, 2001.

[10] K. Flannery and J. Martin. The Hoare and Smith power domain constructors commute under composition. *J. of Computer and System Sciences*, 40(2):125–135, 1990.

[11] B. Ganter. Relational Galois connections. In *Lect. Notes in Computer Science*, volume 4390, pages 1–17. Springer, 2007.

[12] B. Ganter and R. Wille. *Formal Concept Analysis: Mathematical Foundation*. Springer, 1999.

[13] F. García-Pardo, I. Cabrera, P. Cordero, and M. Ojeda-Aciego. On Galois connections and soft computing. In *Lect. Notes in Computer Science*, volume 7903, pages 224–235, 2013.

[14] F. García-Pardo, I. Cabrera, P. Cordero, and M. Ojeda-Aciego. On closure systems and adjunctions between fuzzy preordered sets. In *Lect. Notes in Computer Science*, volume 9113, pages 114–127, 2015.

[15] F. García-Pardo, I. Cabrera, P. Cordero, M. Ojeda-Aciego, and F. Rodríguez. On the definition of suitable orderings to generate adjunctions over an unstructured codomain. *Information Sciences*, 286:173–187, 2014.

[16] J. Gutiérrez-García, H. Lai, and L. Shen. Fuzzy Galois connections on fuzzy sets. *Fuzzy Sets and Systems*, 352:26–55, 2018.

[17] E. Jeřábek. Galois connection for multiple-output operations. *Algebra Universalis*, 79:17, 2018.

[18] S. Mac Lane. *Categories for the working mathematician*. Springer, 2nd edition, 1998.

[19] R. Missaoui, L. Kwuida, and T. Abdessalem (editors). *Complex data analytics with formal concept analysis*. Springer, 2022.

[20] V. Vychodil. Parameterizing the semantics of fuzzy attribute implications by systems of isotone Galois connections. *IEEE Trans. Fuzzy Systems*, 24:645–660, 2016.

[21] V. Vychodil. Closure structures parameterized by systems of isotone Galois connections. *Int. J. Approximate Reasoning*, 91:1–21, 2017.

[22] K. Waiyamai, R. Taouil, and L. Lakhal. Towards an object database approach for managing concept lattice based applications. In *Lectures Notes in Computer Science*, volume 1331, pages 299–312, 1998.

[23] R. Wille. Restructuring lattice theory: an approach based on hierarchies of concept. *Orderd Sets*, pages 450–475, 1982.

[24] R. Wille. Subdirect product constructions of concept lattices. *Discrete Mathematics*, 63:305–313, 1987.

[25] W. Xia. *Morphismen als formale Begriffe—Darstellung und Erzeugung*. Verlag Shake, 1993.

# Capítulo 7

# Lógica clásica de segundo orden

Ángel Nepomuceno-Fernández
Universidad de Sevilla

## 7.1 Introducción

Tomar la lógica de segundo orden como objeto de una investigación para culminar en una memoria de tesis doctoral fue arriesgada en su momento. La razón era que la existencia misma de la lógica de segundo orden se había puesto en cuestión, de manera que se podía sostener la curiosa afirmación de algunos lógicos, según la cual la lógica de segundo orden no es lógica. Sin embargo uno de los pioneros de la teoría de modelos había anunciado que su procedimiento de prueba para la completitud de los sistemas de lógica de primer orden podía arrojar alguna luz sobre el mismo problema relativo a los sistemas de orden superior. Me estoy refiriendo a L. Henkin, que alaboró tal prueba para sistemas de teoría de los tipos.

No entramos en la discusión con aquellos planteamientos y asumimos la existencia de un campo abordable desde la llamada lógica de segundo orden. Para acercarnos a su objeto baste mencionar que este enfoque de la lógica (segundo orden) busca, en última instancia, establecer una teoría irrestricta de la cuantificación. Es decir, dado que la cuantificación en lógica de primer orden se restringe a las variables individuales del lenguaje de que se trate, en la de segundo orden la cuantificación es también aplicable a las variables predicativas —y a las variables funcionales, en su caso— de tal lenguaje.

Para la interpretación de los lenguajes formales de segundo orden necesitamos unas nociones básicas de la teoría de conjuntos. Mantenemos la idea de *universo de discurso* aceptada en primer orden. Así pues, para la semántica consideraremos un *dominio $D \neq \varnothing$*, así como funciones y predicados *definidos* en el dominio. Dado un dominio $D \neq \varnothing$, se entiende por *predicado $n$-ádico definido* en $D$, $n \geq 1$, el conjunto $\mathbf{P} \subseteq \wp(D^n)$. Por otra parte, $\mathbf{f}(\mathbf{c_1}, ..., \mathbf{c_k}) = \mathbf{c}$ expresa la función $\mathbf{f}$ *definida en $D$*, para los argumentos $\mathbf{c_1}, ..., \mathbf{c_k}$, que arroja el valor $\mathbf{c}$, con $\mathbf{c}, \mathbf{c_1}, ..., \mathbf{c_k} \in D$ y $k \geq 1$.

Organizamos el trabajo de la siguiente manera. Tras esta breve introducción, definimos la sintaxis y la semántica de la lógica de segundo orden, que veremos admite un doble enfoque, y un cálculo deductivo natural tipo Gentzen, como extensión del cálculo de predicados de primer orden. Llamaremos la atención sobre los problemas mateteóricos que se plantean y se señalarán unas primeras aplicaciones. Sigue el resumen de una propuesta de aplicación de lógica de segundo orden, a partir de un trabajo publicado conjuntamente con Mario J. Pérez-Jiménez, experto en computación bioinspirada. Asimismo, resumimos una aplicación de lógica de segundo orden al estudio lógico del logicismo. Para terminar damos una breve relación de publicaiones pertinentes para el estudio de estas materias.

## 7.2 Lógica de segundo orden

### 7.2.1 Sintaxis

Para fijar la sintaxis del lenguaje $L^2$ consideramos que su vocabulario es como el de un lenguaje de primer orden, si bien contamos con un conjunto (posiblemente infinito) enumerable de variables individuales y otro de variables predicativas para cada aridad $n \geq 1$. Asimismo, habrá un conjunto de constantes individuales y otro de constantes predicativas para cada aridad. Señalamos el conjunto de los términos de este lenguaje, aunque no ahondaremos en el uso de variables (ni constantes) de función, con objeto de simplificar. En concreto, entendemos que el conjunto de los términos está integrado por las variables y las constantes individuales de $L^2$ y, para cada functor $f$ —variable o constante—, si $t_1, ..., t_n$ son términos, entonces $f(t_1, ..., t_n)$ es un término. Para fijar el conjunto de las fórmulas usamos la habitual regla BNF:

$$\varphi ::= Rt_1...t_n \mid \neg\varphi \mid \varphi * \varphi \mid \exists x\varphi \mid \forall x\varphi \mid \exists Z\varphi \mid \forall Z\varphi$$

donde $R$ es un signo predicativo $n$-ádico, $n \geq 1$; $t_i$ es un término para cada $i \leq n$; $* \in \{\vee, \wedge, \rightarrow\}$; $x$ es una variable individual y $Z$ es una variable predicativa de cierta aridad.

En algunas circunstancias conviene que el lenguaje incluya la $\lambda$ abstracción mediante el operador $\lambda$. Tal es el caso de los estudios de sistemas de inspiración logicista. Este operador trata de captar la fregeana operación de abstracción. En este contexto, considérese una fórmula $\varphi \in L^2$ en la que las variables individuales libres son, a lo sumo, $x_1, ..., x_n$, $n \geq 1$; entonces $\lambda x_1, ..., x_n.\varphi$ es un símbolo predicativo de aridad $n$. En tal caso, $[\lambda x_1, ..., x_n.\varphi]c_1...c_n$ es una fórmula. A la hora de definir un sistema de cálculo de carácter axiomático, se contemplan axiomas específicos relativos al operador $\lambda$.

## 7.2.2   Semántica

Con respecto a la semántica, comenzamos por considerar la idea de *modelo pleno*. En los sistemas de primer orden el ámbito de variabilidad de las variables indviduales —llamémosle el *rango* de tales variables— es el universo de discurso (o dominio de la interpretación). En segundo orden se ha de especificar cual es el rango de las variables predicativas. Así pues, un modelo $M^2$ para un sistema de lógica de segundo orden viene dado por un dominio $D \neq \varnothing$, y una familia de universos o dominios relacionales que constituyen el rango de las variables predicativas y, en su caso, un conjunto de funciones definidas en el universo de discurso como rango de las variables funcionales. En concreto, $M^2 = \langle D_0, \langle D_{i \geq 1} \rangle, \langle \mathbf{F}_{j \geq 1} \rangle, \Im \rangle$, donde $D_0 = D$, $\langle D_{i \geq 1} \rangle$ es la familia de universos o dominios relacionales tal que para cada $i \geq 1$, $D_i = \wp(D^i)$. Asimismo $\langle \mathbf{F}_{j \geq 1} \rangle$ es una familia de funciones $j$-ádicas definidas en $D$. $D$ es el rango de las variables individuales y para cada $i, j \geq 1$, $D_i$ es el rango de las variables predicativas $i$-ádicas, $\mathbf{F}_j$ el rango de las variables de función $j$-ádicas. Por último, $\Im$ es la *función interpretación*, que se define de la siguiente manera,

*(i)* Para cada constante individual $c$, $\Im(c) \in D$

*(ii)* Para cada constante predicativa $n$-ádica $R$, $\Im(R) \in D_n$

*(iii)* Para cada constante funcional $m$-ádica $f$, $\Im(f) \in \mathbf{F}_m$

Las demás nociones semánticas, indicadas más abajo, se fijan como es habitual. En este caso estamos ante lo que se suele denominar *semántica plena* o semantica (en sentido) *estándar*. Sin embargo hay otro modo de entender la semántica de los lenguajes de predicados de segundo orden, según se considere el rango de las variables predicativas —y/o funcionales, aunque, en lo sucesivo, vamos a considerar $L^2$ sin símbolos para función, lo que nos permite simplificar, por lo que, en la semántica omitimos la referencia a funciones definidas en el universo de discurso—.

Dado un modelo $M^2$, la correspondiente familia de modelos relacionales $\langle D_{i \geq 1} \rangle$ es tal que sus elementos son estructuras booleanas para las operaciones conjuntistas habituales. En efecto, para todo $k \geq 1$, $\mathbf{R}, \mathbf{S}, \mathbf{T} \in D_k$, las operaciones $\sim$ (complemento), $\cap$ (intersección) y $\cup$ (unión), se cumple

(*i*) Asociatividad: $\mathbf{R} \cap (\mathbf{S} \cap \mathbf{T}) = (\mathbf{R} \cap \mathbf{S}) \cap \mathbf{T}$ y
$\mathbf{R} \cup (\mathbf{S} \cup \mathbf{T}) = (\mathbf{R} \cup \mathbf{S}) \cup \mathbf{T}$,

(*ii*) Existencia de elemento neutro: $\mathbf{R} \cup \varnothing = \mathbf{R}$ y $\mathbf{R} \cap D_k = \mathbf{R}$

(*iii*) Conmutatividad: $\mathbf{R} \cap \mathbf{S} = \mathbf{S} \cap \mathbf{R}$ y $\mathbf{R} \cup \mathbf{S} = \mathbf{S} \cup \mathbf{R}$

(*iv*) Ley distributiva: $\mathbf{R} \cup (\mathbf{S} \cap \mathbf{T}) = (\mathbf{R} \cup \mathbf{S}) \cap (\mathbf{R} \cup \mathbf{T})$ y
$\mathbf{R} \cap (\mathbf{S} \cup \mathbf{T}) = (\mathbf{R} \cap \mathbf{S}) \cup (\mathbf{R} \cap \mathbf{T})$

(*v*) Complementos: $\mathbf{R} \cup \sim \mathbf{R} = D_k$ y $\mathbf{R} \cap \sim \mathbf{R} = \varnothing$

En el caso de la semántica plena, podemos afirmar que todas las relaciones (predicados definidos en el universo de discurso, para toda aridad) definibles son posibles, aunque, en función de la cardinalidad del dominio inicial $D$ de un modelo $M^2$, existirán relaciones posibles que no son definibles. En efecto, si partimos de una cardinalidad no finita, $|D| \geq \aleph_0$, entonces, para cada $n \geq 1$, tendremos que $|D_n| > \aleph_0$. La cardinalidad del conjunto de constantes predicativas es enumerable, es decir posee a lo sumo $\aleph_0$ elementos, por lo que no tenemos nombres sufientes para todos los elementos de los dominios relacionales correspondientes. En definitiva, del hecho de que el rango de las variables predicativas pudiera ser no enumerable, la semántica plena, la semántica en sentido estándar, permite que consideremos predicados definidos en el dominio del modelo (de cardinalidad infinita), es decir, subconjuntos de $\wp(D^k)$ que no son definibles con los recursos de $L^2$ —innombrables en el lenguaje, podemos decir (recuérdese que la noción de "definible" en un dominio significa sólo "ser subconjunto" de tal dominio o de los correspondientes productos cartesianos; se debe evitar confundir los dos sentidos del término común "definible")—.

Ahora bien, considérese un $M^2$ tal que $|D| = \aleph_0$ y, para cada $n \leq 1$
$|D_n| \leq \aleph_0$ de manera que se cumplan los requisitos indicados de una
estructura booleana. En este caso, se dispondría de una constante predicativa para nombrar cada uno de los predicados $n$-ádicos definidos
en $D$ y de esta manera, en cierto sentido, adoptamos una nueva noción de subconjunto. Ya no estamos ante la semántica plena, sino ante
una semántica *en sentido general* —también denominada *semántica de
Henkin*—, en la cual todas las relaciones posibles son definibles. En la
subclase de modelos finitos —aquellos cuyo dominio inicial es de cardi-
nalidad finita—, ambos puntos de vista coinciden.

Para completar la semántica, indicando en cada momento la perspectiva adoptada (estándar o general), nos referiremos a una clase especial
de fórmulas de $L^2$, las sentencias, es decir a las fórmulas en las que
no ocurren variables libres. Así pues, en todas las nociones en las que
se involucre la de satisfacción o verdad en un modelo, toda mención a
fórmulas es relativa a sentencias. Para cada sentencia $\varphi \in L^2$, dado un
modelo $M^2 = \langle D_0, \langle D_{i \geq 1} \rangle, \langle F_i \rangle, \Im \rangle$ —cuando la situación lo recomiende,
como se ha indicado, cabe omitir el uso de functores para abreviar—, la
noción de satisfacción se establece, *mutatis mutandis*, como en primer
orden. Asi, decimos que una sentencia $\varphi$ es satisfactible en sentido general si y sólo si (en adelante "syss") existe al menos un modelo general $M^2$
tal que $M^2 \models_{gen} \varphi$; de manera similar, en sentido estándar, si existe un
modelo pleno $M^2$ tal que $M^2 \models_{est} \varphi$. Dados un conjunto de sentencias $\Gamma$
y la sentencia $\varphi$ de $L^2$, $\varphi$ es consecuencia lógica en sentido general syss
para todo modelo general $M^2$ se verifica que si $M^2 \models_{gen} \Gamma$, entonces
$M^2 \models_{gen} \varphi$. De manera análoga se define la misma noción en sentido
estándar. Para indicar que una sentencia $\varphi$ es universalmente válida en
sentido general se anota $\models_{gen} \varphi$; si lo es en sentido estándar, $\models_{est} \varphi$.

Nótese que si una fórmula es satisfactible en sentido estándar, entonces lo es en sentido general, pero lo recíproco no simpre se da. Por otra
parte, todas las fórmulas universalmente válidas en sentido general lo

son en sentido estándar, aunque puede haber fórmulas universalmente
válidas en sentido estándar que no lo sean en sentido general. Asimis-
mo, para toda $\Gamma \subset L^2$ y toda $\varphi \in L^2$, si $\Gamma \models_{gen} \varphi$, entonces $\Gamma \models_{est} \varphi$,
mientras que lo recíproco no siempre se verifica.

Para indicar que un modelo satisface una sentencia, además de la
notación señalada, $M^2 \models_{gen/est} \varphi$ se suele usar $M^2(\varphi) = 1$, mientras que
si no la satisface se anota, respectivamente $M^2 \not\models_{gen/est} \varphi$, $M^2(\varphi) = 0$.
En cualquier caso (usamos $\models$ sin indicar el sentido, que se anota cuando
es necesario), la evaluación de los cuantificadores cuyo sufijo es una
variable predicativa se fija de la siguiente manera,

   *(i)* $M^2 \models \exists Z\varphi$, $Z$ de aridad $n \geq 1$, si y solo si (en adelante, syss)
        existe al menos un modelo $M'^2$ que difiere de $M^2$, a lo sumo, en
        cuanto a $\Im'(R)$ —una constante predicativa de la misma aridad
        que $Z$, abreviadamente $M'^2 =_R M^2$— tal que $M'^2 \models \varphi(R/Z)$ —la
        fórmula resultante de sustituir las ocurrencias libres de $Z$ en $\varphi$ por
        $R$—.

  *(ii)* $M^2 \models \forall Z\varphi$, $Z$ de aridad $n \geq 1$ syss para todo $M'^2 =_R M^2$ se
        verifica que $M'^2 \models \varphi(R/Z)$.

En resumen, una sentencia es *satisfactible* —en sentido estándar, o
en sentido general— syss existe un modelo (pleno o general, respectivamente) que la satisface. En otro caso se dice que es *insatisfactible* o no
satisfactible. Una fórmula es *válida* en un dominio (en uno de los sentidos, según el modelo) syss todos los modelos definibles a partir de tal
dominio la satisfacen. Una fórmula es *universalmente válida* syss es válida en todo dominio no vacío. Dados un conjunto de sentencias $\Gamma \subset L^2$ y
una sentencia $\varphi \in L^2$, $\Gamma$ implica lógicamente $\varphi$ —o, lo que es lo mismo,
$\varphi$ es consecuencia lógica de $\Gamma$, en uno u otro sentido, según el punto de
vista adoptado— syss para todo modelo $M^2$, si $M^2 \models \Gamma$ ($M^2 \models \gamma$, para
cada $\gamma \in \Gamma$), entonces $M^2 \models \varphi$.

Para un lenguaje que tiene incorporada $\lambda$-abstracción, para cada fórmula $\varphi$ cuyas únicas variables individuales libres son (a lo sumo) $x_1, ..., x_n$, se define $\Im(\lambda x_1, ..., x_n.\varphi)$ como el siguiente predicado $n$-ádico (definido en el dominio inicial):

$$\{\langle \Im(c_1), ..., \Im(c_n)\rangle \in \mathbf{R} \subseteq D^n / M^2 \models \varphi(c_1, ..., c_n/x_1, ..., x_n)\}.$$

### 7.2.3    Algunas ventajas e inconvenientes

Tal como se han fijado las dos maneras de entender la semántica de segundo orden, surge la cuestión de cual es la mejor opción de las dos. Para responder debemos prestar atención a lo que cada una representa. Tomemos un cálculo deductivo natural extensión del de primer orden, que denominaremos $CD^2$. Las reglas que regulan el comportamiento de los cuantificadores con sufijo predicativo $n$-ádico, $n \geq 1$, son las siguientes,

**(i)** Con $\lambda$-abstracción

    (a) Introducción de $\exists$:

$$\frac{\varphi(\lambda x_1, ..., x_n.\chi/Z)}{\exists Z \varphi}$$

    (b) Eliminación de $\exists$

$$\frac{\exists Z \varphi; \ \varphi(\lambda x_1, ..., x_n.\chi/Z) \ \vdash_{CD^2} \ \psi}{\psi},$$

        siempre que en $\psi$ (tampoco en $\chi$) no ocurra libre $Z$, ni en ningún supuesto previo o provisional —premisa o hipótesis auxiliar— del cual dependa $\psi$

**(ii)** Sin $\lambda$-abstracción

    (a) Eliminación de $\forall$:

$$\frac{\forall Z \varphi}{\varphi(R/Z)},$$

        para cualquier constante $R$ $n$-ádica

(b) Introducción de $\forall$:

$$\frac{\varphi}{\forall Z \varphi},$$

siempre que $Z$ no ocurra libre en ningún supuesto previo o provisional del cual dependa $\varphi$.

Acerca del cálculo $CD^2$ cabe estudiar cuáles son sus propiedades metateóricas. Con semántica en sentido estándar, definimos los siguientes conjuntos de fórmulas: $\{\varphi_i \in L^2 / i \in \mathcal{N}\}$ tal que $\varphi_i$ formaliza "el universo de discurso tiene un número finito $i$ de elementos". A partir del conjunto de los números naturales son definibles modelos que satisfacen todos estos conjuntos de fórmulas, pero no es definible un modelo que satisfaga

$$\bigcup_{i=1}^{\infty} \varphi_i.$$

Es decir, no se verifica *compacidad*.

Tampoco el cálculo $CD^2$ es completo. El axioma de inducción de Peano, que en primer orden se expresaba como esquema de fórmulas, en segundo orden se representa mediante la fórmula siguiente, en la que "$c$" es una constante que representa el número 0, y $n \geq 1$,

$$\forall Z(Zc \wedge \forall n(Zn \rightarrow Zn+1) \rightarrow \forall nZn).$$

Sea $\Pi$ la fórmula obtenida por la conjunción de las fórmulas que expresan los axiomas de Peano. De acuerdo con el teorma de incompletitud de Gödel, existe una fórmula $\gamma$ —construida por el método de Gödel— tal que siendo aritméticamente verdadera no es demostrable, simbólicamente $\Pi \models \gamma$, pero para cualquier cálculo deductivo $X$, $\Pi \nvdash_X \gamma$. En particular, con respecto a $CD^2$, tendremos $\Pi \nvdash_{CD^2} \gamma$. De acuerdo con el teorema de la deducción, se verifica que

$$\models \Pi \rightarrow \gamma \text{ pero } \nvdash \Pi \rightarrow \gamma,$$

ahora bien, $\Pi \rightarrow \gamma$ es una formula de $L^2$, de manera que la incompletitud se ha trasladado, por así decir, a la propia lógica, $CD^2$ es incompleto.

Tampoco se cumple el teorema de Löwenheim-Skolem de los cálculos de primer orden.

Con la semántica de Henkin estas propiedades se mantienen:

**(i)** *Compacidad*: si cada conjunto de sentencias $\Gamma$ es tal que todo subconjunto finio de $\Gamma$ tiene un modelo general (de Henkin), entonces $\Gamma$ posee un modelo de Henkin.

**(ii)** *Teorema de Löwenheim-Skolem*: para cada sentencia de $L^2$, si la sentencia posee un modelo en sentido general, entonces tiene un modelo enumerable.

**(iii)** *Corrección y completitud de $CD^2$*: para cada conjunto de sentencias $\Gamma \subseteq L^2$ y cada sentencia $\varphi \in L^2$,

$$\Gamma \vdash_{CD^2} \varphi \text{ syss } \Gamma \models_{gen} \varphi,$$

para distinguir los dos sentidos de la semántica, se pueden usar $\models_{gen}$ y $\models_{est}$, que representan sentido general (o de Henkin) y sentido estándar (o pleno), respectivamente.

En los lenguajes de predicados de primer orden se incluye a veces una constante predicativa diádica para expresr la igualdad. En los lenguajes de segundo orden no es necesario hacerlo, si acaso puede ser útil hacer uso de una abreviatura. En efecto, dados dos términos $s$ y $t$, éstos son iguales syss ambos tienen exactamente las mismas propiedades. Es decir, se pude usar la siguiente definición

$$s = t \text{ syss } \forall Z(Z(s) \leftrightarrow Z(t)).$$

## 7.3    Aplicaciones de lógica de segundo orden

En este apartado prestamos atención a dos aplicaciones posibles de lógica de segundo orden, una de carácter más técnico, por así decir, en el

ámbito de los programas moleculares y otra que trata de evaluar la via-
bilidad de sistemas de carácter logicista. La aplicabilidad de la lógica de
segundo orden es inmediata en el estudio de los fundamentos y la filosofía de las matemáticas, en el que se inserta la segunda opción que se
presenta en este trabajo. A este respecto, en Väänänen (2001) hallamos
consideraciones acerca de la lógica de segundo orden y la fundamen-
tación de la matemática clásica. Aquí, en cuanto a la primera opción,
vamos a reseñar brevemente una aplicación más específica, donde hay
una ejemplificación de la relación entre sistemas formales y programas
moleculares de un modelo de computación molecular.

### 7.3.1   Lógica de segundo orden y programas moleculares

Dicho sucintamente, esta aplicación consiste en asociar un sistema
lógico-formal de segundo orden a cada programa molecular que resuelve
un problema de decisión, según lo establecido en Nepomuceno-Fernández
& Pérez-Jiménez (2012), donde se justifica que la verificación formal de
dicho programa (respecto del problema en cuestión) equivale a establecer la adecuación, o corrección, y la completitud del sistema formal
asociado.

Planteado un problema de optimización se podrá obtener una solución reduciéndolo a un problema de decisión, de modo que una solución
para éste nos da una solución indirecta de aquel. Como se afirma en
Nepomuceno-Fernández & Pérez-Jiménez (2012) "a la hora de resolver
problemas importantes de la vida real, es suficiente que nos restrinjamos
al estudio y resolución de problemas de decisión".

En nuestro contexto se entiende por problema de decisión $Dec(X)$,
para el problema de optimización $X$, el par ordenado $\langle LX, BX \rangle$, donde
$LX$ es un lenguaje sobre un cierto alfabeto $SX$ y $BX$ es un predicado
de carácter booleano ("...es verdadero", "...es falso") cuyos argumentos
serán "oraciones" de tal lenguaje. Para cada oración $a \in LX$ existe un

cojunto finito $S(a)$ de *soluciones candidatas*. En este contexto, interesa el alfabeto $\{A, C, G, T\}$ y el conjunto de todas las palabras definibles en este alfabeto. Por otra parte, las instrucciones moleculares más básicas no son más que abstracciones de operaciones bioquímicas, realizables en un laboratorio de biología molecular, y los programas moleculares son sucesiones finitas de instrucciones especificas junto con instrucciones estándares.

A cada problema de optimización $X$ se asocia un problema de decisión $Dec(X)$ —un problema de decisión es un problema abstracto que sólo admite como respuesta, o salida, sí o no—, que se puede realizar con poco consumo de recursos computacionales y para cada solución de $Dec(X)$ se puede construir una solución de $X$ también con poco consumo de recursos computacionales. Se debe tener en cuenta la definición 3.3 incluida en Nepomuceno-Fernández & Pérez-Jiménez (2012), la cual establece que un programa molecular $P$ resuelve un problema de decisión $Dec(X) = \langle LX, BX \rangle$ si para cada instancia $a$ de $LX$ se verifica:

*(i)* si $BX(a) = 1$, entonces $P(a, T) = 1$, para cada tubo inicial $T$ —un multiconjunto (conjunto cuyos elementos pueden aparecer repetidos) finito de cadenas sobre el alfabeto indicado— de $P$ con dato de entrada $a$;

*(ii)* si $BX(a) = 0$, entonces $P(a, T) = 0$, para cada tubo inicial $T$ de $P$ con dato de entrada $a$.

En este contexto, un *sistema molecular* se define como el par ordenado $\langle X, P \rangle$, donde $Dec(X)$ representa un problema de decisión (según el problema de optimización $X$) y $P$ un programa molecular. La verificación del sistema molecular $\langle X, P \rangle$ no es más que la demostración de que el programa molecular $P$ resuelve el problema $Dec(X)$. Así pues, para verificar $\langle X, P \rangle$, para cada instancia del problema $a \in LX$ y cada tubo inicial $T \in I(P, a)$ —subconjunto del conjunto de partes finitas de todas las cadenas del vocabulario indicado—, si $P(a, T) = 1$ —la ejecución del programa $P$ a partir del tubo inicial $T$ proporciona como resultado sí—, entonces $BX(a) = 1$, o, lo que es lo mismo, el programa $P$ es correcto para el problema $Dec(X)$. Asimismo, se debe probar lo recíproco, que si $BX(a) = 1$, entonces $P(a,T) = 1$, es decir, el programa es completo para el problema $Dec(X)$. En definitiva, el sistema molecular $\langle X, P \rangle$ está verificado syss el programa $P$ es correcto y completo para el problema $Dec(X)$.

Dado un sistema molecular $\langle X, P \rangle$, se le puede asociar un sistema formal de segundo orden $CD_2$ tal que

**(i)** El lenguaje de $CD_2$ es el lenguaje del problema $X$, es decir $LX$, $T$ es la expresión formal, en este lenguaje, de un tubo inicial asociado a la instancia $a$ del problema, mientras la ejecución del programa se representa mediante la constante funcional $f$, tal que

$$f(a, T) = P(a, T).$$

**(ii)** El conjunto de las fórmulas de $CD_2$ se define como los pares $\langle a, T \rangle$ —donde $a \in LX$ y $T \in I(P, a)$.

**(iii)** Una fórmula $\langle a, T \rangle$ es válida syss $BX(a) = 1$, simbólicamente $\models_{CD_2} \langle a, T \rangle$.

**(iv)** Una fórmula $\langle a, T \rangle$ es demostrable en $CD_2$ syss $P(a, T) = 1$, simbólicamente $\vdash_{CD_2} \langle a, T \rangle$.

Para expresar que, dada una instancia $a$ del problema $Dec(X)$, $a \in LX$, existe un tubo inicial $T \in I(P, a)$ tal que $BX(a) = 1$, se usará la siguiente formulación propia de $CD_2$,

$$\exists Z(\langle a, Z \rangle), \text{ de manera que, } \models_{CD_2} \exists Z(\langle a, Z \rangle).$$

Un interesante resultado presentado en Nepomuceno-Fernández & Pérez-Jiménez (2012), como proposición 4.2 (revisada), es el siguiente. Dado un sistema molecular $\langle X, P \rangle$, se verifica *(i)* El sistema formal $CD_2$ asociado a $\langle X, P \rangle$ es correcto syss para toda instancia $a \in LX$ y cada $T \in I(P, a)$, si el sistema está verificado, entonces $CD_2 \models \langle a, T \rangle$.

*(ii)* El sistema formal $CD_2$ asociado a $\langle X, P \rangle$ es completo syss para toda instancia $a \in LX$ y cada $T \in I(P, a)$, si $CD_2 \models \langle a, T \rangle$, entonces el sistema está verificado.

Una consecuencia inmediata es la equivalencia de las dos siguientes afirmaciones,

*(i)* El sistema molecular $\langle X, P \rangle$ está verificado.

*(ii)* El sistema formal asociado $CD_2$ es correcto y completo.

Como se ha visto, el sistema formal, en la medida en que se plantea como una lógica de segundo orden, cuenta con los elementos necesarios para asociarlo a un sistema molecular. Puesto que los recursos lingüísticos son conjuntos enumerables, la semántica considerada es en sentido general, por lo que, en este caso $CD_2$, representa una lógica correcta y completa lo cual hace totalmente factible su aplicabilidad.

## 7.3.2　Logicismo y lógica de segundo orden

La historia de la filosofía de la lógica y de las matemáticas sancionó hace tiempo la inviabilidad del proyecto logicista tal como éste fuera planteado por Frege. No obstante, el desarrollo de los estudios de lógica de segundo orden proporciona herramientas formales para el abordaje de los problemas que habían acaparado la atención de los investigadores en este campo. Como alternativa a la teoría de los tipos ideada por Russell, en Cocchiarella (1986) se utiliza un noción (metateórica) de estratificación que permite la formulación de un sistema formal de segundo orden que representa el sistema de *Grundgesetze*, driblando el problema de la paradoja de Russell que surge a partir de la "ley V" del trabajo fregeano. En este apartado resumimos los contenidos estudiados en Nepomuceno

(1993a, 1993b), si bien actualizamos notación y algunas consideraciones acerca de los propios formalismos.

Partimos de un lenguaje formal $L_F$ con variables y constantes individuales y predicativas de cualquier aridad y las habituales constantes lógicas, incluyendo el operador $\lambda$. La sintaxis viene dada por la siguiente regla BNF,

$$\varphi ::= a = b \mid R(t_1, ..., t_n) \mid \neg\varphi \mid \varphi * \varphi \mid \exists x\varphi \mid \forall x\varphi,$$

donde $a, b$ son términos —individuales o predicativos—, $* \in \{\vee, \wedge, \rightarrow\}$, $x$ es una variable (individual o predicativa de cierta aridad), mientras que el conjunto de los términos se establece según las siguientes cláusulas,

*(i)* Las variables y constantes, tanto individuales como predicativas, son términos. Si $s$ y $t$ son ambos individuales, o ambos predicativos de la misma aridad, se dice que son términos *del mismo tipo*.

*(ii)* Si $\varphi$ es una fórmula y $x_1, ..., x_n$ son $n \geq 1$ variables individuales, entonces $[\lambda x_1...x_n.\varphi]$ es un término predicativo de aridad $n$.

Como se afirma en Nepomuceno (1993b) cabe sostener el logicismo como doctrina filosófica que inspira diversos sistemas formales, aunque no se trata de identificar tal doctrina con un sistema concreto. A este respecto, Frege intentó la reducción de matemáticas a lógica a partir de las ideas vertidas en *Grundlagen* mediante el cálculo presentado en *Grundgesetze*. Aquí nos centramos en un sistema de lógica de segundo orden con nominalización de predicados equiparable al fregeano, evitando la paradoja de Russell. Naturalmente, el lenguaje debe ser suficientemente expresivo y en él se deberían poder representar las principales leyes de la lógica de manera que su forma sea independiente de la propia nominalización y de la posición de los términos —en terminología fregeana, su carácter argumentativo o funcional dependerá de su posición en las oraciones del lenguaje en cuestión—. Por otra parte, mediante la nominalización es abordable el problema de la representación de objetos abstractos. Dados dos términos predicativos, $P$ y $R$, ambos monádicos, para simplificar, y la constante individual $c$, tanto $R(a)$ como $P(R)$ —en este último $R$ ocurre en posición argumental, nominalizado— son fórmulas de $L_F$. Puesto que no se incluye explícitamente una teoría de tipos, es necesario un mecanimo que evite llegar a una expresión como, por ejemplo, $\exists Z(Z(Z) \to \neg Z(Z))$. Este mecanismo es el de la estratificación, propuesta en Cocchiarella (1986), con lo que finalmente se asume la teoría de los tipos metateóricamente.

Una fórmula $\varphi \in L_F$ se dice que está *estratificada* syss existe una asignación $\tau$ de números naturales al conjunto de los términos de $\varphi$, de acuerdo con las siguientes cláusulas,

*(i)* Para todos los términos $s$, $t$, si $s = t$ es una subfórmula de $\varphi$, entonces $\tau(s) = \tau(t)$

*(ii)* Si $R(t_1, ..., t_n)$, para $n \geq 1$, es una sufórmula de $\varphi$, entonces

$$\tau(t_1) = \tau(t_2) = ... = \tau(t_n) \text{ y } \tau(R) = (t_i) + 1, \; i \leq n.$$

*(iii)* Si $[\lambda x_1 ... \lambda x_n . \chi]$ ocurre en $\varphi$, para $n \geq 1$, entonces

$$\tau(x_1) = \tau(x_2) = ... = \tau(x_n) \text{ y } \tau([\lambda x_1 ... \lambda x_n . \chi]) = \tau(x_i) + 1, \; i \leq n.$$

Se define el sistema de cálculo de predicados de segundo orden, que consta de los siguientes esquemas axiomáticos, para fórmulas $\alpha$, $\beta$, $\varphi$ y $\chi$ estratificadas,

Ax. 1 $\alpha \to (\beta \to \alpha)$

Ax. 2 $(\alpha \to (\beta \to \varphi)) \to ((\alpha \to \beta) \to (\alpha \to \varphi))$

Ax. 3 $(\neg\beta \to \neg\alpha) \to (\alpha \to \beta)$

Ax. 4 $\forall x(\alpha \to \beta) \to (\alpha \to \forall x\beta)$ si $x$ no ocurre libre en $\alpha$

Ax. 5 $\forall x\alpha \to \alpha(s/x)$, siempre que $\tau(s) = \tau(x)$

Ax. 6 $r = s \to (\alpha \to \beta)$, si $\tau(r) = \tau(s)$ y $\beta$ se obtiene desde $\alpha$ sustituyendo alguna ocurrencia libre de $s$ por $r$

Las reglas de inferencia son

**(i)** *Modus ponens*: de $\alpha$ y $\alpha \to \beta$ se infiere $\beta$

**(ii)** Generalización: de $\varphi$, si $x$ es una variable, se infiere $\forall x \varphi$

**(iii)** $\lambda$-conversión: de $\forall x_1, ..., x_n (\varphi \leftrightarrow \chi)$ se infiere

$$[\lambda x_1 ... \lambda x_n . \varphi] = [\lambda x_1 ... \lambda x_n . \chi],$$

y recíprocamente, donde los $\lambda$-abstractos, como las fórmulas correspondientes, están estratificados.

Fácilmente se comprueba que en el sistema se verifica el teorema de la deducción así como el teorema de intercambio; entonces, las leyes de *Grundgesetze*, expresadas en fórmulas del lenguaje $L_F$ con la correspondiente estratificación, son demostrables en este sistema de segundo orden. En concreto, la ley I es el axioma 2; las II.a y II.b no son más que la expresión del axioma 5 (el cual unifica las anteriores para variables individuales y predicativas); la III es el axioma 6; la VI se obtiene como teorema a partir del axioma 3, generalización, teorema de la deducción y *modus ponens*; por último, la ley V se obtiene mediante $\lambda$-conversión y aplicación del teorema de la deducción. Con la estratificación, se libera, por así decir, el sistema de las consecuencias de la paradoja presente en *Grundgesetze* por culpa de una implícita regla de sustitución en expresiones carentes de estratificación.

Si bien es cierto que la semántica fregeana es precientífica (anterior a la establecida por Tarski), este sistema es compatible con el planteamiento logicista original. En efecto, si un signo predicativo representa un concepto —capacidad sociobiológica que permite la identificación de entidades—, mediante la nominalización se alude a las correspondientes extensiones del concepto. Así, por ejemplo, en $R(t)$ el significado de $R$

sería un concepto, en $P(R)$, al ocupar posición argumental, se ha de referir a la extensión de $R$, por tanto oficiando de "objeto" en términos de Frege. Surge así un problema con respecto a la presuposición o no de la clase de los números naturales —un punto crucial en los planteamientos logicistas—. Al poderse probar $[\lambda x.R(x)] = R$, un modelo (abstracto) de $L_F$ define intrnamente las extensiones, con lo que la serie de números naturales se definiría internamente y parece presupuesta: 0 como $[\lambda x.\neg(x = x)]$, 1 como $[\lambda y.(y = [\lambda x.\neg(x = x)])]$ y así sucesivamente; en general, tomando $n$ como abreviatura del $\lambda$-abstracto correspondiente al dígito $n \geq 0$, se puede probar la fórmula $\exists R(n = R)$. Aunque se garantiza la posibilidad de totalidades infinitas, se presuponen los números naturales. No obstante, ello no invalida la pervivencia de lo que podríamos denominar "un logicismo moderado".

## Nueva etapa

*Cuando llega la hora de la jubilación de una persona se dice que se retira, pero si la persona es un maestro, entonces comienza una nueva etapa en su vida, porque se retira, sí, y, al mismo tiempo, el saber aportado cobra una nueva dimensión de carácter redentor frente a la tediosa ignorancia. Tal es el caso de Alfredo Burrieza Muñiz, un auténtico maestro. Cuando hace más de treinta años el director de mi tesis doctoral me comunicó los nombres de quienes iba a proponer como miembros del tribunal que juzgaría la memoria de tesis, yo no conocía personalmente a Alfredo. No imaginaba entonces que a partir de un acto científico se iban a estar poniendo los cimientos de una perdurable amistad. Como tal vez diría el viejo Aristóteles, sin amistad no hay episteme y en este caso se atisbaba con claridad lo acertado de tal aserto. En este trabajo retomo la temática de la lógica de segundo orden. Acerca de uno de sus aspectos él juzgó mi trabajo con tanta sabiduría como benevolencia. Con mis mejores deseos para esta nueva etapa de maduración del árbol sembrado, gracias a tu buen hacer, en la*

*Universidad de Málaga.*

## Agradecimientos

Debo agradecer a Mario de J. Pérez Jiménez su actitud abierta a la colaboración en nuestra tarea académica, a pesar de las dificultades y barreras burocráticas que la dificultaban. Uno de los apartados de este trabajo recoge precisamente una forma de relación de elementos de teoría lógica y los nuevos modelos de computación. Al Grupo de Lógica, Lenguaje e Información de la Universidad de Sevilla (Grupo HUM-609 del PAIDI), debo agradecer un ambiente más que adecuado para el desarrollo de mi tarea investigadora desde su fundación, antes de terminar el siglo pasado. Y, desde luego, debo a agradecer a Alfredo su papel fundamental a lo largo de mi trayectoria profesional. Por iniciativa de mi director de tesis doctoral, a quien siempre estaré agradecido por sus enseñanzas, Emilio Díaz Estévez (Q. E. P. D.), Alfredo formó parte del tribunal que la juzgó. Nos presentó nuestro amigo Pascual Martínez Freire, otro de mis maestros, a quien agraezco sus enseñanzas. Desde entonces, además de la coincidencia de perspectivas y preocupaciones compartidas en el campo de la lógica, he disfrutado del regalo de la amistad de Alfredo; se puede decir que la Universidad de Málaga quedó mucho más cerca de la Universidad de Sevilla, lo que ha permitido la colaboración llevada a cabo todos estos años. Asimismo, agradezco a Antonio Yuste su impagable trabajo para el buen fin de este homenaje, como a todas las personas que lo han hecho posible.

## Bibliografía

[1] N. B. Cocchiarella. Frege, russell, and logicism. In *Frege Synthesized. Essays on the Philosophical and Foundational Work of G. Frege*, pages 197–251. L. Haaparanta y J. Hintikka (comps.), Reidel, Dordrecht, 1986.

[2] N. Denyer. Pure second-order logic. *Notre Dame of Formal Logic*, 33:220–224, 1991.

[3] M. Manzano. *Extensions of First-Order Logic*. Cambridge University Press. Cambridge, 2005.

[4] A. Nepomuceno-Fernández. Nociones logicistas en filosofía de la matemática. *Crítica*, 75:85–103, 1993.

[5] A. Nepomuceno-Fernández. Sistemas de cálculo como formas de logicismo. *Crítica*, 73:15–35, 1993.

[6] A. Nepomuceno-Fernández and M. J. Pérez-Jiménez. Programas moleculares y sistemas lógico-formales. *Kairos. Revista de Filosofia & Ciência*, 5:77–89, 2012.

[7] M. J. Pérez-Jiménez. Métodos formales en computación bioinspirada. In O. Pombo and A. Nepomuceno, editors, *Lógica e Filosofía da Ciência*, pages 185–212. Centro de Filosofia das Ciências Universidade de Lisboa, 2009.

[8] S. Shapiro. *Foundations without Foundationalism. A Case for Second Order Logic*. Clarendon Press, Oxford, 1991.

[9] J. Väänänen. Second order logic and foundations of mathematics. *The Bulletin of Symbolic Logic*, 7:504–520, 2001.

# Capítulo 8

# Logics for integrating policies and science

DAVID PEARCE
Universidad Politécnica de Madrid

It has often been observed that there is a gulf between science and technology on the one hand and social policies on the other. In many cases while scientific knowledge is essential to support or even justify political intervention through policies, very often science takes on the role of a black box that is impenetrable to all but highly trained experts. In this note I examine the gulf between science and policy and propose some adequacy conditions for logics that might enable this gap to be reduced. I suggest that the concept of hybrid knowledge base, originally developed in the context of the Semantic Web, that combines reasoning with classical theories and ontologies with rule-based reasoning familar in AI, satisfies these adequacy conditions and provides a suitable framework for reconstructing policies and scientific knowledge in a unified, integrated system. The idea is to build a flexible and dynamic system in which the interaction between science and policy is transparent and solutions and consequences are readily understood by experts and non-experts alike.

## 8.1 Introduction

Many types of social policies rely for their authority on science and technology. Clean-air policies for cities, strategies for fighting the spread of the COVID-19 virus, and policies to reduce the long-term effects of global warming, are all familiar examples that depend heavily on scientific knowledge for their warrant as well as technologies for their implementation. This dependency is often highly complex and seldom based on one single scientific discipline. During the recent pandemic we have heard repeatedly from virologists, epidemiologists, medical practitioners, data scientists, pharmacologists, healthcare services, government medical advisors and others. Still, even if the scientific background to certain policies is a strong and solid one, at the operational level there is typically a large gap between the two, for one thing because policymakers are only seldom experts in the scientific fields that are relevant for their actions. They have to rely on experts and advisors, sometimes organised into high-level expert groups to help them formulate strategies and policies. What is the nature of this gap between science and policy? Are there ways to reduce it? The ideal case would be that policymakers do not see science as an impenetrable black-box but as a visible part of an integrated system that can display the potential effects of policies in a transparent manner. In this paper, I will examine this gap in more detail and propose a way to increase the integration of science and policy.

First, let me make some remarks about the perceived importance of science and evidence-based policy. For some years the European Commission has stressed the importance of harvesting (big) data and ICT tools for policymaking, and this has featured regularly in the Commission's Workprogrammes since 2016. In the Commission's strategy for the Digital Single Market a key subarea of "Policy" has been Global Systems Science(GSS)[1] whose vision is "is to provide scientific evidence to support policy-making, public action and civic society to collectively engage in societal action." The EU-funded network for Global Systems Science, GSDP, (Global Systems Dynamics and Policy 2010-2013) published several strategy papers which emphasised the need for greater integration between science (theory plus data) and policymaking. An important challenge that is still open is how to model policies and their interrelations with data and science in an integrated formal framework.[2]

What seems to be the main problem is not just that policymakers may not be experts in the relevant sciences. Rather the gap between science and policy is wider because there is a gulf between the *languages* in which scientific theories and policies are typically formulated. We are used to the idea that theories from the natural and the social sciences are typically based on causal laws, deterministic or probabilistic, as well as statistical regularities, and are expressed by mathematical equations and formal models.

But what of policies? Many policies are rule-based. We very often think of a policy as a principle or rule to enact a norm or guide decisions. It can be seen as either a statement of intent or a commitment. However, a policy does not usually compel or prohibit actions by itself. Policies may be specified as procedures or protocols and can be adopted by governments, organisations, groups or individuals. Policies often depend (for their success) on (identifying) causal relations[3], but they are not

---

[1]See                              https://ec.europa.eu/digital-single-market/en/global-systems-science

[2]As the GSS portal notes: "Numerous projects funded by the European Commission form the GSS cluster and look at the information flowing into a policy decision and the likely effect that a decision will have on the future. Together, they create an interesting suite of models that could help form evidence-based policy."

[3]See [8] for a detailed account of the role of causal connections in evidence-based

usually reconstructed in a formally precise manner that would allow for the logical analysis and comparison of different methods and solutions.

The first distinction between theories and policies we might therefore express using a computational analogy by saying that the former are *declarative* while the latter are *procedural*. If policies, at least in many of their forms, are rules they may be expressed in a rule-like, logical language. Reasoning with policies then involves reasoning about defaults, exceptions, norms and typicality. There will often be explicit or hidden *ceteris paribus* clauses that may or may not apply in different practical scenarios. In some cases, we might relate policies to *technical norms* in the sense of von Wright (see eg [21]) and even suppose that strictly speaking, they do not possess truth values. Nevertheless, it seems clear that given a policy we can pose factual questions and expect truthful answers. For example, given the contamination protocol for the city of Madrid we can ask which types of vehicles are permitted to circulate when scenario 3 of the protocol is activated.[4] Fortunately, rule-based languages such as ASP (see below) have a declarative character that makes question-answering and logical inference in this sense straightforward.

A second kind of distinction we might draw between theories and policies is one that is familiar in AI in the area of knowledge representation and reasoning. Rule-based languages typically employ what is known as a *closed-world assumption* (CWA), in contrast to the *open-world* context in which scientific theories are cast. CWA is most prominently present in database languages, the assumption being that information not explicitly present or derivable in the system must be false. As we shall see later in section 3, the open versus closed world assumption is one that is emphasised by Rosati [25] in his approach to combining rules and theories.

_____

policy.
[4]The protocol is described in the appendix.

The third distinction between (the languages of) theories and policies is a consequence of the second one. The underlying logic that provides a formal foundation for scientific theories is almost always *classical* logic, in some cases enriched by additional operators and functionalities. The same is (essentially) true for formal ontologies reconstructed in description logics. By contrast, in the case of rule-based languages for reconstructing policies, the logical behaviour of such rules is non-deterministic and logical inference is nonclassical in part because its character is what is known as *non-monotonic*[5] This is quite different from the setting of classical logic.

## 8.1.1 Adequacy conditions for integrating policies and science

Given these considerations, we suggest that any logical approach to integrating polices and scientific theories should satisfy at least the following adequacy conditions.

*(i)* The logic should be able to combine classical theories and non-monotonic rules in a single, hybrid but unified, semantic framework.

*(ii)* In this framework, semantically theories and policy rules may interact. But each part, when treated alone, should respect its usual meaning. In other words, if the theory part is empty, the rule part receives its usual interpretation, and vice versa.

*(iii)* Computational tractability. To be applicable in practice, the logical framework should be of tractable complexity.

Since work began on developing the Semantic Web it has been common to represent knowledge in formats such as rdf schemes or by means

---

[5]This is a natural consequence of dealing with defaults, exceptions and typicalities. It means that, unlike in the classiscal case, inference to a particular fact or proposition is not necessarily preserved when new information is added to the system.

of formal ontologies expressed in description logics whose underlying foundation is classical. However, early on scholars realised that for the success of the Semantic Web also rule-based reasoning would be needed.[6] This created an important technical challenge: how to combine a classical-based formalism such as an ontology with nonclassical languages for expressing non-monotonic rules. Several solutions to this problem have been proposed that address different types of languages, the main challenge being to develop a formal semantics that can embrace both the classical and non-classical paradigms. When describing different approaches to this problem sometimes the distinction is made between a loose or a tight coupling of the paradigms. Typically a tight coupling will be one where there is a greater degree of integration of the two kinds of semantics.

In many cases, these tighter integrated semantical solutions are not restricted to Semantic Web applications but are more widely applicable to knowledge representation and reasoning in general. In particular, this means that they offer a potential instrument for combining rule-based reasoning about policies with classical knowledge-based systems. Before we consider one of these solutions in more detail, let us take a short detour through the domain of formalising policies in logic-based languages.

## 8.2   Logic-based languages for policies

[7] Before facing the challenge of integrating policies and science, let us consider some of the ways of using rule-based, logical languages for reconstructing policies and see what advantages they bring. The domain of security and access control is a policy area where logical approaches have

---

[6]This led in particular to the series of international conferences on Web Reasoning and Rule Systems (RR) `http://www.rr-conference.org/` running since 2007.

[7]This section overlaps with Section 7 of [15].

been successfully employed in the past. An early contribution is [27]. More recent works include [6, 4, 5, 9, 18]. Here we follow and extend the approach of Bonatti [4] who proposes several reasoning problems that can be studied in languages such as datalog and ASP (answer set programming).

In the case of access control, we might consider a logic program Π that represents the basic policy in the form of a set of rules.[8] For example, it might formalise conditions for accessing some restricted Web pages in the University of Blackpool. Additionally, we assume there are contexts $\mathcal{C}$ expressing additional facts that pertain at some time; perhaps different types of access are permitted at different times. Furthermore, we have credentials $\mathcal{D}$ that are also (ground atomic) facts. Let's say that in general only faculty members can access the restricted area, so a credential might be $faculty\_member(Paul)$. Completing the picture there are authorisations $A$, in the form of statements constituted by a 4-tuple: (subject, object, operation, decision) saying whether that subject can/cannot perform the operation on the object for instance whether Paul can access the Web area. It may be 2- or 3-valued, depending on context.

Using a logic-based language we can analyse in a straightforward manner different kinds of reasoning problems that may arise. Following Bonatti, we can isolate at least the following five problems.

*(i)* Entailment: is an authorisation granted?

*(ii)* Credentials: what is needed to grant an authorisation?

*(iii)* Conservative extension: how to update and maintain previous authorisations

*(iv)* Relative strength: when is a policy at least as strong as another?

---

[8]The form of such rules is presented in section 3 below; see expression (8.2).

*(v)* Policy equivalence

In the case of *entailment*, we ask whether an authorisation $A$ is granted by $\Pi$ and $\mathcal{C}$? This is the case if $\Pi \cup \mathcal{C} \mathrel{|\!\sim} A$, where $\mathrel{|\!\sim}$ is a suitable nonmonotonic inference relation. For example, if we are using datalog or ASP, it may be the inference relation associated with stable model semantics.[9] Languages like ASP, see eg [17], and other non-monotonic reasoning systems, are well suited to represent defaults, typicalities and exceptions and to deal with non-determinism. They can also formalise different kinds of abduction.

Problem 2 is an *abductive* reasoning problem. For a given authorisation request the problem is to provide a set of conditions (ie. credentials) that are sufficient to answer the authorisation positively, if this is possible. Thus, given a set $\mathcal{D}$ of credentials, the abduction problem is to find a subset $\mathcal{D}' \subseteq \mathcal{D}$ of credentials for a given authorisation $A$ and context $C$, such that

$$\Pi \cup \mathcal{D}' \cup C \mathrel{|\!\sim} A$$

Solving this problem can provide a suitable *explanation*. Suppose that Paul is a new faculty member not yet entered in the personnel database. He is denied access with the explanation that a registering process is required first, ie he is informed of a missing credential that will grant him access..

The *conservative extension* problem arises for example when the policy rules need to be updated to admit a new kind of user. In this case, the program $\Pi$ will be extended to a new program $\Pi'$ specifying the new user conditions. The context and the set of credentials is also enlarged. By requiring that the new program *conservatively* extends the previous one, we guarantee that previously valid authorisations continue to hold in the new situation. In addition, we want to ensure that no loopholes

---

[9]Explained in section 3 below.

have been created that would allow unintended authorisations that were previously barred.

In the case of problem 4, we can say that in a given context $C$ a policy $\Pi$ is at least as strong as $\Pi'$ if every authorisation request accepted by $\Pi$ is also accepted by $\Pi'$. So if $\Pi'$ rejects authorisation $A$ then so does $\Pi$. For simplicity let us consider a *policy framework* as a tuple $\mathcal{P}$ to be a triple $(\Pi, \mathcal{D}, \mathcal{A})$, where $\Pi$ is a theory, possibly in the form of a set of program rules in language $\mathcal{L}$, $\mathcal{D}$ is a set of credentials, comprising certain atomic sentences of $\mathcal{L}$, and $\mathcal{A}$ are authorisations. Let $\mathcal{P}_1 = (\Pi_1, \mathcal{D}, \mathcal{A})$, and $\mathcal{P}_2 = (\Pi_2, \mathcal{D}, \mathcal{A})$ be policy frameworks. Then we can say that $\mathcal{P}_1$ is at least as strong as $\mathcal{P}_2$ if for any $A \in \mathcal{A}$, and $D \subseteq \mathcal{D}$:

$$\Pi_2 \cup D \not\!\sim A \Rightarrow \Pi_1 \cup D \not\!\sim A \tag{8.1}$$

Lastly, the problem of policy *equivalence* may come in various degrees. Two policies that admit exactly the same authorisations and rejections in a given context can be said to be equivalent in that context. A stronger property is that they are equivalent in all contexts. And a still stronger property is that they remain equivalent when they are extended by adding new policy rules.

## 8.2.1  Inter-policy relations

ASP offers a framework for studying these kinds of reasoning problems. As well as handling issues of entailment, abduction, consistency and completeness, the logical approach is well adapted to handle the inter-policy relations described above. In ASP two programs are said to be *equivalent* if the have the same stable models and *strongly equivalent* if they remain equivalent under the addition of any new set of rules [20]. If only new facts are added, the relation is known as *uniform equiva-lence*. And *relativised* versions of strong and uniform equivalence can be defined to cover the case that that newly added rules are in a specific language. *Projective* equivalence is the appropriate concept in case we are interested in model equivalence wrt to a restricted sublanguage of the programs. All these relations have been studied and characterised in the literature. In [1] also weak and strong forms of *entailment* between programs have been defined and characterised. These concepts are relevant for capturing the relation expressed by (8.1). For example, a sufficient condition for the relation to obtain is that for any $D \subseteq \mathcal{D}$, $\Pi_2 \cup D$ weakly entails $\Pi_1 \cup D$ in the sense of [1]. This also means that the relation holds if $\Pi_2$ strongly entails $\Pi_1$. However, to characterise this notion precisely we would need to add to the concepts of [1] a notion of relativised uniform entailment and consider projections onto the authorisations $\mathcal{A}$.

We can say that two access policies covering the same credentials and authorisations, $\mathcal{P}_1 = (\Pi_1, \mathcal{D}, \mathcal{A})$, and $\mathcal{P}_2 = (\Pi_2, \mathcal{D}, \mathcal{A})$ are *equivalent* if they generate the same authorisations, and *strongly equivalent* if they are equivalent when expanded by any new set of policy rules $\Pi$. If $\Pi_1$ and $\Pi_2$ are relativised uniform equivalent wrt $\mathcal{D}$, then $\mathcal{P}_1$ and $\mathcal{P}_2$ are equivalent. This relation has been studied for general theories in ASP and characterised by so-called $RUE_{\mathcal{D}}$ models, [23]. The converse is not immediate. Since we only require policies to deliver the same authorisations, they only need to be equivalent when projected onto $\mathcal{A}$. In particular the case of uniform or relativised uniform equivalence with projection needs to be studied.[10]

## 8.3    Combining the two semantics

There have been several proposals for a semantics for hybrid systems that combine nonmonotonic rules with classical knowledge bases. For our purposes the approach of Rosati [25, 26] is particularly well-suited to the task. We give a brief description here, without entering into all

---

[10]See [15] for a recent contribution to this problem.

the technical details. Rosati's is a tightly integrated semantics that covers rules formulated in datalog with disjunction or ASP with disjunctive rules, together with a classical knowledge base that can be for example an ontology in description logic or an empirical theory formalised in first-order logic. Formally a hybrid knowledge base $\mathcal{K}$ is a pair $(T, \Pi)$ where $T$ is a classical theory in first order logic and $\Pi$ is a disjunctive logic program. The (function-free) language $\mathcal{L}$ of $\mathcal{K}$ is made up of a set $\mathcal{C}$ of constants together with two disjoint sets of predicates $\mathcal{L}_T$ and $\mathcal{L}_\Pi$. Predicates in $\mathcal{L}_\Pi$ appear only in the program $\Pi$. $\mathcal{L}_T$ is the language of $T$ although any of its predicates can also appear in $\Pi$. Rosati calls the elements of $\mathcal{L}_T$ *structural* predicates and those of $\mathcal{L}_\Pi$ *relational* predicates.

The formulas (also called *rules*) of $\Pi$, when re-written in logical notation, are first-degree implications of the form:

$$A_1 \wedge \ldots \wedge A_m \wedge \neg A_{m+1} \wedge \ldots \wedge \neg A_n \rightarrow B_1 \vee \ldots \vee B_k \qquad (8.2)$$

where each $A_i, B_j$ is an atomic formula of $\mathcal{L}$. To interpret rules one forms the universal closure of each formula of form (8.2). As is clear from its form, a rule $r$ of kind (8.2) can be decomposed into three components: the part $A_1 \wedge \ldots \wedge A_m$ is usually called the *positive body* of $r$ and may be abbreviated $\mathcal{B}^+(r)$; the part $\neg A_{m+1} \wedge \ldots \wedge \neg A_n$, usually called the *negative body*, may be abbreviated by $\mathcal{B}^-(r)$; the part $B_1 \vee \ldots \vee B_k$ is known as the *head* and abbreviated by $\mathcal{H}(r)$. Rosati imposes two further restrictions, the second of which is designed to ensure decidability under certain natural conditions. The first is that structural predicates from $\mathcal{L}_T$ do not appear in $\mathcal{B}^-(r)$, ie they appear only positively in $r$. The second restriction is that each variable occurring in $r$ must (also) occur in the positive body $\mathcal{B}^+(r)$. Under these restrictions $\mathcal{K}$ is called a *safe* hybrid knowledge base. In cases where $T$ is an ontology in some description logic (treated extensively in [26]), it is assumed that the ontology is re-written in first-order logic.

Let $\mathcal{M}$ be a first-order relational structure for the language $\mathcal{L}$. Then we denote by $\mathcal{M}|_{\mathcal{L}_T}$ the reduct of $\mathcal{M}$ to $\mathcal{L}_T \cup \mathcal{C}$, and $\mathcal{M}|_{\mathcal{L}_\Pi}$ is the reduct of $\mathcal{M}$ to $\mathcal{L}_\Pi \cup \mathcal{C}$. Rosati's semantics involves two reductions and a program grounding. Suppose that we start with a structure $\mathcal{M}$ such that $\mathcal{M}|_{\mathcal{L}_T}$ is a model of $T$. Rosati uses a standard version of stable model semantics for ground logic programs. So the first stage consists in grounding $\Pi$ by instantiating free variables by substituting all constants from $\mathcal{C}$, obtaining a new ground program $gr(\Pi, \mathcal{C})$. The first reduction consists in eliminating all $\mathcal{L}_T$ predicates from $gr(\Pi, \mathcal{C})$ by interpreting them according to $\mathcal{M}$. This proceeds as follows. For each rule $r \in gr(\Pi, \mathcal{C})$, delete from $r$ any $\mathcal{L}_T$ atom from $\mathcal{B}^+(r)$ that is true in $\mathcal{M}$, and delete from $r$ any $\mathcal{L}_T$ atom from $\mathcal{H}(r)$ if it is false in $\mathcal{M}$. Then delete the entire rule $r$ if some $\mathcal{L}_T$ atom from $\mathcal{H}(r)$ is true in $\mathcal{M}$ or if some $\mathcal{L}_T$ atom from $\mathcal{B}^+(r)$ is false in $\mathcal{M}$. In this manner one obtains a reduced set of rules, say $gr(\Pi_\mathcal{M}, \mathcal{C})$, obtained from $gr(\Pi, \mathcal{C})$ by evaluating $\mathcal{L}_T$ predicates according to $\mathcal{M}$.

In the second stage one then applies a standard operation called the *Gelfond-Lifschtiz reduct.* For any ground program $\Sigma$, and interpretation $\mathcal{I}$ for $\Sigma$, this reduction yields a new program, $GL(\Sigma, \mathcal{I})$, where all occurrences of negation have been removed by interpreting atoms not true in $\mathcal{I}$ as false. An interpretation $\mathcal{I}$ forms a *stable model* of $\Sigma$ if it is a minimal model (in the usual sense) of $GL(\Sigma, \mathcal{I})$.

A semantics for a safe hybrid $KB$ is now obtained in a straightforward way. A relational structure $\mathcal{M}$ for $\mathcal{L}$ is a stable model of $(T, \Pi)$ if (i) $\mathcal{M}|_{\mathcal{L}_T}$ is a first-order model of $T$; (ii) $\mathcal{M}|_{\mathcal{L}_\Pi}$ is a stable model of $GL(gr(\Pi_\mathcal{M}, \mathcal{C}))$.[11]

This semantics is both natural and intuitive. Yet it seems to be quite unique as an approach to meaning within scientific methodology. As

---

[11]Rosati calls this an $NM$-model of $\mathcal{K}$, but the label stable model seems very appropriate.

Rosati explains:

> ... in safe hybrid KBs, the information flow is bidirectional: not only the structural component constrains the forms of the stable models of the rule component (through the structural predicates in the body of the rules), but also vice versa, since the rule component imposes constraints that the models of the structural components must satisfy. Hence, the rule component has an effect on the conclusions that can be drawn from the structural component, since it filters out those models $M$ of the structural component for which the program $GL(gr(\Pi_M, C))$ has no stable models.[12]

There is a long-standing debate in the philosophy of science concerning the issue whether scientific terms are in general value-free or in some sense value-laden. This debate has been particularly lively in the case of social sciences. Many prominent scholars take the view that theoretical terms in social theories are value-laden and even assert that the aims of methods of the social sciences do not coincide with those of the natural sciences.[13] Without taking sides in this debate we can nevertheless observe that the hybrid stable model semantics could provide ways to understand how values embodied in policies reflected in rules could influence the meaning of terms arising in scientific theories when these are functioning together in a hybrid system.

Before we return to the question of policies, let us note that there are two ways in which we can streamline this understanding of hybrid KBs. For one, we can avoid the step of grounding if we apply a first-order definition of stable model. Secondly, if we choose this definition appropriately, we can also avoid the first reduction step that uses $T$

---

[12][25], p. 7. I have changed the original symbols to conform to the notation used here.

[13]This view is known as *anti-naturalism*.

to pre-process the program Π. Rosati comments briefly on how in safe hybrid KBs both the open world assumption (for structural predicates) and the closed-world assumption (for relational predicates) are accommodated. He notes:

> The key point is the fact that, in safe hybrid KBs, structural predicates and relational predicates are interpreted in a different way.... it is possible to interpret relational predicates under a CWA (actually, the stable model semantics), while keeping the interpretation of structural predicates open, i.e., based on the classical FOL semantics.

There is one account of stable model semantics that can preserve this property while streamlining the original definition of Rosati. It is based on *equilibrium logic*, a nonmonotonic extension of a nonclassical logic called *here-and-there*, HT in the propositional case or QHT in the first order case.[14] HT is an extension of constructive logic that is properly contained in classical logic and has been studied since the 1930s. It can be viewed as a three-valued logic whose third truth value approximates the idea of a proposition being *true by default*. Formulas are interpreted with respect to two states *here* and *there*. In the case of QHT an interpretation is essentially a pair of relational structures where extensions of predicates in the 'here' structure are contained in their extensions in the 'there' structure. An equilibrium model of a theory is a model $\mathcal{M}$ in which both the 'here' and the 'there' structures are equal and no QHT model of the theory agrees with $\mathcal{M}$ at the 'there' state and has a strictly lesser 'here' state. In the propositional case equilibrium models for ground logic programs coincide with stable models. In the first order case equilibrium models directly provide a stable model semantics for programs with variables.

Since the equilibrium construction applies to full propositional or

---

[14]See [22, 24].

first-order syntax, it results in a stable model semantics that applies to arbitrary theories. This is the key to streamlining Rosati's semantics for safe hybrid KBs. For a KB $\mathcal{K} = (T, \Pi)$, we simply consider QHT models of the combined first order theory $T \cup \Pi$; but in order to maintain the difference between the classical or 'structural' part $T$ and the nonclassical or 'relational' part $\Pi$ we need to force a classical behaviour on the $\mathcal{L}_T$ predicates. We can do this by adding the property of excluded middle for each predicate $P \in \mathcal{L}_T$. We call this the *stable closure of* $\mathcal{K}$. Set $st(T) = \{\forall x P(x) \vee \neg P(x) : P \in \mathcal{L}_T\}$ and let $st(\mathcal{K}) = (T \cup \Pi \cup st(T))$. Then a relational structure $\mathcal{M}$ for $\mathcal{L}$ is a stable model of $\mathcal{K} = (T, \Pi)$ if and only if it is an equilibrium model of $st(\mathcal{K})$.[15] What we have gained is that we now have a single construction that applies to both parts of the KB, while we continue to treat structural predicates classically by imposing on them two-valued interpretations. In addition we no longer have to restrict the form of the rule part to formulas of type (8.2); for example we can allow negation to appear in the heads of rules, to permit nested implications, or include other variations in syntax. We now have the basis to construct an integrated approach to the science-policy interface.

## 8.4   Integrating science and policy

Rosati is not concerned with policies. He develops a general method for combining classical theories with rule-based languages. Nevertheless it is clear that hybrid knowledge bases under his or equivalent semantics provide a formal framework for a tighter integration of policies with science. Figure 8.1 illustrates the main concepts and relations. We can interpret this picture as follows, using as an example clean air policies and contamination protocols for a city.

---

[15]For the details see [10]. Since in an equilibrium model the two states are identical we can treat it as a single structure.

- higher-level norms generate policies (eg. long-term clean air objectives for the city lead to contamination protocols)

- there are at least four types of formulas: causal laws, known statistical regularities, regularities generated by machine learning systems, and policies (eg. they may derive from meteorology sciences, weather statistics, learned weather patterns, Madrid air contamination protocols). Policy rules in general include observable and theoretical terms belonging to the science part.

- these may work in conjunction with databases and ontologies (eg geothermic knowledge, transport systems and the road network of Madrid)

- policy rules and causal and other laws are combined in hybrid knowledge bases. they may include action rules that trigger actions, eg set off alarms, introduce traffic controls.

- data and data streams are fed in (eg from emissions sensors, weather reports, traffic flows etc). May also include fictional data to test the consequences of the system

- the system generates stable models that may give answers to specific questions. The models are interpreted via visualisation tools such as argumentation graphs.

- the answers lead to decisions, actions and new questions. They may provoke rule updates (eg to balance protocols and actions with social acceptability), or lead to new or revised laws.

The key idea is that although we have different kinds of formulas and rules, as well as different kinds of data, all derived from multiple sources that include norms, general scientific theories and localised domain knowledge, we can combine these items in a KB system that has a unified semantic interpretation. Stable models provide a kind of general picture

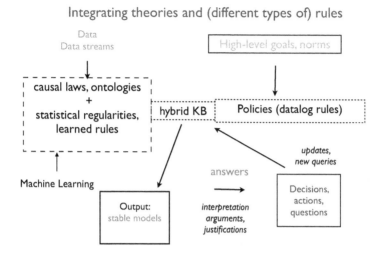

Figure 8.1: Depicting the science policy interface

of the state of a system. But they can be used to answer questions and make inferences. To aid understanding, one can augment the semantics with visualisation tools that provide additional, human-friendly arguments and explanations for the solutions obtained.

These features allow experts, policymakers and other stakeholders to understand immediately the effects of policy rules and changes in the data, as well as the consequences of adding or removing parts of the theory component. One may see how science affects the (results of) the policy and even how the policy may affect the application of theoretical knowledge in a given setting. An important feature is that the overall system is dynamic, flexible and subject to change, as the data change, as new questions are posed, rules are updated or new rules are added.

Let us consider the picture in light of the Madrid contamination protocol described in the appendix. It would be a straightforward exercise to formalise this policy in a series of rules. Clearly data collection and processing will be included, however the rules representing scenarios explicitly refer to observation terms like $NO_2$ measurements and not to any theoretical terms. Nevertheless we can assume that background scientific knowledge has played a part in designing the different rules and measurement devices, as well as has domain specific knowledge about weather conditions, the road network, and other relevant features. A richer hybrid knowledge base could be formed by adding a theory component that includes all the relevant background knowledge, from chemistry, meteorology, weather reports, the road transportation network, and so forth. In this way one can ask complex questions such as the probability in a given forewarning context that say scenario 3 will need to be activated in the coming days.

It is also easy to imagine a more complex policy that deals with other kinds of contamination indicators perhaps based on some aggregate function of different pollutants, so that the main concept is no longer a single observation term but rather a theoretical concept grounded in some background theory. In this case we would expect to obtain a rich knowledge base involving data, science and policy rules. Another addition might be a small ontology of vehicle types, distinguished by their environmental disks.

### 8.4.1   Inter-policy relations, again

The logical relations between policies mentioned in 2.1 above can be extended to hybrid knowledge bases[16] In this way we can study whether two different policies with similar languages and goals are actually equivalent, given the relevant theories and data. If the policies employ the same theoretical (structural) terms then we can compare their sets of rules keeping the theory part fixed. While if their rules make use of different structural terms, then we may need to consider different 'T-

---

[16]See [10] for some preliminary ideas.

components' in the respective knowledge bases. In either case inter-policy relations can be studied and characterised in a rigorous manner, giving policymakers a more informed picture of the nature of alternative strategies and rules.

## 8.5   Conclusions

In recent years, thanks to the rise of Big Data and advances in ICT tools, policymakers have been able to access ever greater amounts of relevant data and statistics to help them in devising strategies and solutions. In Europe many developments have occurred thanks to collaborative projects supported by the European funding agencies. Despite the technical advances, steps are rarely taken to formalise social policies and build systems that integrate data and policy with the scientific knowledge that supports the strategies that are implemented.[17] Hybrid knowledge bases provide a framework where data, science and policy can cohabit in an integrated formal system under a unified semantics. The use of logical, rule-based languages helps us to check the consistency and completeness of policy rules and yields in a natural fashion a suite of meta-concepts that can assist in the comparison and selection of policies. The logical basis of hybrid KBs under the stable model semantics satisfies the three desiderata for the logical integration discussed in section 1.1 and, with the help of advanced solvers, can be implemented and applied in practice.

---

[17]One area where social norms and regulations are commonly formalised is digital law.

# Appendix: City of Madrid policies to combat air pollution

The city of Madrid enacts several policies to combat air pollution. Some are pro-active and designed to reduce contamination in the long term. The best known is *Distrito Centro*, a plan to create more low emission zones by gradually widening the area in which only low emission vehicles can circulate. Another well-known policy, more relevant for our purposes, is the Madrid contamination protocol.[18] This is a reactive policy designed to be effective in the short term.

From time to time adverse weather conditions lead to increased volumes of nitrogen dioxide ($NO_2$) in the city. At such times the contamination protocol is activated and a series of measures is introduced. For this policy the city is divided into 5 zones, one central and four outer zones. Each of these hosts active $NO_2$ sensors or measurement stations, 24 of them in all. There are three levels of activation: *forewarning*, *warning* and *alert*. The first of these is activated when 180 $\mu g/m^3$ is reached simultaneously by any two stations from the same zone during two consecutive hours, or by any three stations in the network during three consecutive hours. The second stage is reached when the previous conditions are present but with an increased level of 200 $\mu g/m^3$. The third stage of alert is reached when any three stations from the same zone simultaneously measure 400 $\mu g/m^3$ during three consecutive hours.

The protocol envisages various scenarios in which an increasing number of measures is enacted. The first of these covers one day of forewarning. The measures involve information and recommendation broadcasts, promotion of public transport and the introduction of a lower speed limit on the peripheral motorway M30. Scenario 2 follows after two days of forewarning or one day of warning. In this case, motor traffic within

---

[18]Protocolo de actuación por dióxido de nitrógeno en la ciudad de Madrid, 2017.

the interior of the M30 motorway is restricted to vehicles with an environmental label from the Directorate General of Traffic; and only zero and low emissions vehicles can park on permitted spaces at the roadside. The next two scenarios cover further days of forewarning or warning and introduce increasingly strict controls on the types of vehicles that can circulate. After one day of level 'alert' all traffic, including taxis, that is neither zero emissions or 'Eco' is excluded from circulating within the city.

# Appendix: Answer set programming and datalog

Answer set programming (ASP) and datalog are closely related declarative, rule-based programming environments. They are distinguished mainly by slightly different communities of developers and different styles of applications. Both make use of disjunctive rules like (8.2) and apply stable model semantics. Efficient ASP solvers have been developed over the last 20-25 years and there are hosts of applications. ASP has now reached a third stage in its development in which it is not confined to users involved in designing and implementing the language, but is being applied by newcomers to many kinds of problem solving. There are also several extensions and implementations of the basic ASP language, for instance Telingo for temporal reasoning [7] is a combination of equilibrium logic, linear time temporal logic and the ASP solver Clingo.

In ASP several techniques have been developed for combining rule-based reasoning with external knowledge sources. Among the best known are DL-programs [13] whose rules contain special atoms evaluated in a description logic ontology, and HEX programs [14] that combine higher-order rules with external atoms. See also [11] for other related approaches.

ASP has long been a popular technology for reasoning about actions. One extension of the HEX approach, called ACTHEX [12], allows action atoms in rules; these are associated with functions that can change the state of external environments. LARS [2] is a recent extension of basic ASP for reasoning over data streams. A survey of concepts and methods for explaining the outcomes of stable model analyses by means such as argumentation or justification can be found in [16].

There are many advanced applications of datalog for extracting and reasoning about knowledge. Recent extensions of the basic language include decidable programs with existential quantifiers [19]. VADALOG [3] is a powerful, state-of-the-art datalog based system for reasoning about knowledge which can be coupled with a machine learning component.

# Bibliography

[1] Felicidad Aguado, Pedro Cabalar, David Pearce, Gilberto Pérez, and Concepción Vidal. A denotational semantics for equilibrium logic. *Theory Pract. Log. Program.*, 15(4-5):620–634, 2015.

[2] Harald Beck, Minh Dao-Tran, and Thomas Eiter. LARS: A logic-based framework for analytic reasoning over streams. *Artif. Intell.*, 261:16–70, 2018.

[3] Luigi Bellomarini, Davide Benedetto, Georg Gottlob, and Emanuel Sallinger. Vadalog: A modern architecture for automated reasoning with large knowledge graphs. *Inf. Syst.*, 105:101528, 2022.

[4] Piero A. Bonatti. Datalog for security, privacy and trust. In Oege de Moor, Georg Gottlob, Tim Furche, and Andrew Sellers, editors, *Datalog Reloaded*, pages 21–36, Berlin, Heidelberg, 2011. Springer Berlin Heidelberg.

[5] Piero A. Bonatti. Logic-based authorization languages. In Henk C. A. van Tilborg and Sushil Jajodia, editors, *Encyclopedia of Cryp-*

*tography and Security, 2nd Ed*, pages 734–736. Springer, 2011.

[6] Piero A. Bonatti and Pierangela Samarati. Logics for authorization and security. In Jan Chomicki, Ron van der Meyden, and Gunter Saake, editors, *Logics for Emerging Applications of Databases [outcome of a Dagstuhl seminar]*, pages 277–323. Springer, 2003.

[7] Pedro Cabalar, Roland Kaminski, Philip Morkisch, and Torsten Schaub. telingo = asp + time. In *LPNMR*, 2019.

[8] N. Cartwright and J. Hardie. *Evidence-Based Policy: A Practical Guide to Doing It Better*. Oxford University Press, 2012.

[9] Robert Craven, Jorge Lobo, Jiefei Ma, Alessandra Russo, Emil C. Lupu, and Arosha K. Bandara. Expressive policy analysis with enhanced system dynamicity. In Wanqing Li, Willy Susilo, Udaya Kiran Tupakula, Reihaneh Safavi-Naini, and Vijay Varadharajan, editors, *Proceedings of the 2009 ACM Symposium on Information, Computer and Communications Security, ASIACCS 2009, Sydney, Australia, March 10-12, 2009*, pages 239–250. ACM, 2009.

[10] Jos de Bruijn, David Pearce, Axel Polleres, and Agustín Valverde. A semantical framework for hybrid knowledge bases. *Knowl. Inf. Syst.*, 25(1):81–104, 2010.

[11] Thomas Eiter, Gerhard Brewka, Minh Dao-Tran, Michael Fink, Giovambattista Ianni, and Thomas Krennwallner. Combining nonmonotonic knowledge bases with external sources. In Silvio Ghilardi and Roberto Sebastiani, editors, *Frontiers of Combining Systems, 7th International Symposium, FroCoS 2009, Trento, Italy, September 16-18, 2009. Proceedings*, volume 5749 of *Lecture Notes in Computer Science*, pages 18–42. Springer, 2009.

[12] Thomas Eiter, Cristina Feier, and Michael Fink. Simulating production rules using ACTHEX. In Esra Erdem, Joohyung Lee, Yuliya

Lierler, and David Pearce, editors, *Correct Reasoning - Essays on Logic-Based AI in Honour of Vladimir Lifschitz*, volume 7265 of *Lecture Notes in Computer Science*, pages 211–228. Springer, 2012.

[13] Thomas Eiter, Giovambattista Ianni, Thomas Lukasiewicz, Roman Schindlauer, and Hans Tompits. Combining answer set programming with description logics for the semantic web. *Artif. Intell.*, 172(12-13):1495–1539, 2008.

[14] Thomas Eiter, Giovambattista Ianni, Roman Schindlauer, and Hans Tompits. A uniform integration of higher-order reasoning and external evaluations in answer-set programming. In Leslie Pack Kaelbling and Alessandro Saffiotti, editors, *IJCAI-05, Proceedings of the Nineteenth International Joint Conference on Artificial Intelligence, Edinburgh, Scotland, UK, July 30 - August 5, 2005*, pages 90–96. Professional Book Center, 2005.

[15] Jorge Fandinno, David Pearce, Concepción Vidal, and Stefan Woltran. Comparing the reasoning capabilities of equilibrium theories and answer set programs. *Algorithms*, 15(6):201, 2022.

[16] Jorge Fandinno and Claudia Schulz. Answering the "why" in answer set programming - A survey of explanation approaches. *Theory Pract. Log. Program.*, 19(2):114–203, 2019.

[17] Martin Gebser, Roland Kaminski, Benjamin Kaufmann, and Torsten Schaub. *Answer Set Solving in Practice*. Synthesis Lectures on Artificial Intelligence and Machine Learning. Morgan & Claypool Publishers, 2012.

[18] Michael Gelfond and Jorge Lobo. Authorization and obligation policies in dynamic systems. In Maria Garcia de la Banda and Enrico Pontelli, editors, *Logic Programming, 24th International Conference, ICLP 2008, Udine, Italy, December 9-13 2008, Proceedings*, volume 5366 of *Lecture Notes in Computer Science*, pages 22–36.

Springer, 2008.

[19] Georg Gottlob, André Hernich, Clemens Kupke, and Thomas Lukasiewicz. Stable model semantics for guarded existential rules and description logics: Decidability and complexity. *J. ACM*, 68(5):35:1–35:87, 2021.

[20] Vladimir Lifschitz, David Pearce, and Agustín Valverde. Strongly equivalent logic programs. *ACM Trans. Comput. Log.*, 2(4):526–541, 2001.

[21] Ilkka Niiniluoto. Values in design sciences. *Studies in History and Philosophy of Science Part A*, 46, 01 2013.

[22] David Pearce. A new logical characterisation of stable models and answer sets. In Jürgen Dix, Luís Moniz Pereira, and Teodor C. Przymusinski, editors, *Non-Monotonic Extensions of Logic Programming, NMELP '96, Bad Honnef, Germany, September 5-6, 1996, Selected Papers*, volume 1216 of *Lecture Notes in Computer Science*, pages 57–70. Springer, 1996.

[23] David Pearce, Hans Tompits, and Stefan Woltran. Relativised equivalence in equilibrium logic and its applications to prediction and explanation: Preliminary report. In David Pearce, Axel Polleres, Agustín Valverde, and Stefan Woltran, editors, *Proceedings of the LPNMR'07 Workshop on Correspondence and Equivalence for Nonmonotonic Theories (CENT2007), Tempe, AZ, USA, May 14, 2007*, volume 265 of *CEUR Workshop Proceedings*. CEUR-WS.org, 2007.

[24] David Pearce and Agustín Valverde. Quantified equilibrium logic and foundations for answer set programs. In Maria Garcia de la Banda and Enrico Pontelli, editors, *Logic Programming, 24th International Conference, ICLP 2008, Udine, Italy, December 9-13 2008, Proceedings*, volume 5366 of *Lecture Notes in Computer Sci-*

*ence*, pages 546–560. Springer, 2008.

[25] Riccardo Rosati. Semantic and computational advantages of the safe integration of ontologies and rules. In François Fages and Sylvain Soliman, editors, *Principles and Practice of Semantic Web Reasoning, Third International Workshop, PPSWR 2005, Dagstuhl Castle, Germany, September 11-16, 2005, Proceedings*, volume 3703 of *Lecture Notes in Computer Science*, pages 50–64. Springer, 2005.

[26] Riccardo Rosati. Dl+log: Tight integration of description logics and disjunctive datalog. In Patrick Doherty, John Mylopoulos, and Christopher A. Welty, editors, *Proceedings, Tenth International Conference on Principles of Knowledge Representation and Reasoning, Lake District of the United Kingdom, June 2-5, 2006*, pages 68–78. AAAI Press, 2006.

[27] Thomas Y. C. Woo and Simon S. Lam. Authorization in distributed systems: A new approach. *J. Comput. Secur.*, 2(2–3):107–136, mar 1993.

# Capítulo 9

# Revisiting deontic logic: deontic notions, modality and semantic tableaux

Francisco J. Salguero-Lamillar
Universidad de Sevilla

## 9.1 Introduction[1]

Deontic logic is a branch of logic that studies the logical characteristics of normative concepts, such as obligation, permission and prohibition. The fundamental principles of deontic logic are based on the formal relations among these concepts and their modal equivalents, such as necessity and possibility, while its main goals are to develop rigorous and coherent descriptions of the logical contribution of these concepts to reasoning and argumentation and to explore their applications and

---
[1]This article is part of the research project "Logic and abductive methods applied to semantics and pragmatics in communicative interaction", financed by the Science and Innovation Ministry of Spain (PID2020-117871GB-I00).

practical relevance in various fields, such as morality, ethics, law, and the theory of action and preference.

Since Ernst Mally first used the term "deontik" to refer to the logic of norms [7], the concept has been extended to name logical systems that deal with three different types of statements: imperative, normative, and evaluative statements. The author most responsible for this extension of classical logic was undoubtedly Georg Henrik Von Wright, who laid the foundations for current studies in deontic logic in an influential article [13]. Later [14, 11–13] the distinctions among normative (deontic), evaluative (axiological) and praxeological notions, as well as between deontic concepts and principles, and axiological concepts and principles were clearly established as interdependent concepts [11]. Although it seems that all these concepts have something in common, it remains unclear to what extent their similarity is discernible from their purely linguistic relation and, therefore, relevant to logic.

In this sense, for example, although it is possible to wonder about the kind of relations that hold among the statements belonging to each of the above-mentioned types —especially as regards the possibility of establishing a single model of interpretation for deontic logic in general, or whether it is possible to find a way to reduce any two of them to the third one—, none of these considerations is of any value without first determining the main point, that is: whether it is possible to establish a logic of praxis similar to the logic of theoretical reasoning. This last question can be summarized as follows: if true and false are the logical referents for the assertive-descriptive statements, what are those for the imperative, evaluative, or normative statements?

We think that the semantic theory of possible worlds provides some analysis and decision mechanisms for deontic logic, and also allows the philosopher of norms and morals (as well as the philosopher of language and logic interested in these topics) to avoid the dependence on ethics and practical philosophy on concepts such as truth, which is obscure when applied outside their normal sphere of use[2].

However, we are not going to spend time on philosophical considerations other than to briefly analyze the statements belonging to the types mentioned above from a semantic perspective. The object of this analysis will be to establish the limits for the application of semantic tableaux to the logic of normative languages.

## 9.2   Normative expressions and logic

It seems clear that imperative statements of the form

(**1**) Put this letter in the mailbox.

do not differ essentially in their meaning from normative statements such as

(**2**) It is mandatory for you to put this letter in the mailbox.

or directive statements such as

(**3**) I order you to put this letter in the mailbox.

The structure of the latter statements looks to be more appropriate for logical analysis. However, there is an immediate objection to this type of translation. It comes to say that while it does not seem acceptable to ask about the truth value of (1), we could answer any question about whether (2) or (3) are true or false propositions, which

---

[2]It is well known that the empiricist criterion of meaning adopted by the verificationist philosophers of the logical positivism movement during the first third of the 20th century led some authors to deny that normative statements had meaning, since they were neither true nor false. This position is not defended today by anyone except those who still handle the old empiricist theory of meaning without considering the modifications that the concept of truth has undergone, especially in relation to the epistemological status of scientific theories and their application in the interpretation of the reality they seek to explain, as can be seen in [12].

leads us to suspect that there is no logical correspondence among them and, therefore, that it is not possible to translate them into each other. Nevertheless, if we examine (2) and (3) carefully, we find that the assertions

**(2')** It is true that it is mandatory for you to put this letter in the mailbox.

**(3')** It is true that I am ordering you to put this letter in the mailbox.

does not say anything about what happens (specifically, it does not say that it is true that the letter has been put in the mailbox, in fact), but only mentions the existence of the prescription, so that (2) and (3) are true or false propositions in a very different sense than when we say that an assertive-descriptive statement is either true or false. Therefore, the indicated reticence about the translatability of imperative statements into normative statements is, in our opinion, saved in this first instance. In fact, we do not find any counterexample for this type of translation. If anything, those commands that imply a sequence of actions would have to be translated including temporal nuances. But this is not an unaffordable problem.

On the other hand, evaluative statements are divided into two groups: absolute evaluative statements and relative evaluative statements. The first ones are of the type

**(4)** This is good / It is good that...

as opposed to

**(5)** This is bad / It is bad that...

The second ones are of the type

**(6)** This is better than... / This is worse than...

"Good" and "bad" are values, as are "true" and "false", "beautiful" and "ugly", etc. In fact, absolute evaluative statements constitute what are usually called *value judgements*, while relative evaluative statements give rise to the logic of preference, which maintains with respect to value judgements a relationship similar to that maintained by the logic of norms. That is: value judgements are at a different language level than normative or preference statements. So, a statement of the type

**(7)** Killing is bad.

is on the same level with respect to

**(8)** It is forbidden to kill.

than

**(9)** It is true that the planets revolve around the Sun.

with respect to

**(10)** It is necessary that the planets revolve around the Sun.

This can be explained by an exhaustive analysis of the concepts of analyticity and truth. The fact that something is bad does not necessarily mean that it is forbidden in a given normative or legal corpus, just as it does not mean that something that is true is necessary unless it could follow from the normative or legal corpus that everything that is bad is forbidden as well as it could follow from an epistemological system that everything that is true necessarily happens. That is to say, it is inside the system where value judgments are established that propositions or statements acquire their modalization.

We think, therefore, that establishing a logic of norms supposes the acceptance of a general principle of rationality, prior to the principle of extensionality, with the consequent change of perspective with respect to long-standing concepts such as the concept of truth or validity. But this discussion would lead to different questions from those of interest here.

What is important in this case is that the semantic models adopted for normative languages should not differ essentially from the models appropriate for classical first-order predicate logic if we wish to be able to design decision procedures and provide logical models of interpretation for this type of statement.

In short, we propose to adopt a position in accordance with the only reasonable solution we can give to the dilemma posed by the Danish logician Jørgen Jørgensen[3] in order to accept a logic of norms: to extend logic to those rational domains that are not bound by the classical concept of truth. For this, a change of perspective is enough without the need to change the tool of analysis. Thus, as far as normative languages are concerned, the difficult logical concept of *truth* gives way to the more tractable and efficient concept of *belonging to a normative system*, resembling what is proposed for assertoric-descriptive statements, which are true if and only if they belong to a theoretical system —that is, if and only if we can show a logical model that satisfies them.

Although problems of a philosophical nature may arise from this change of perspective, they are not more serious than those that already exist in the realm of practical philosophy. The Kantian question "What should we do?" retains its privileged position as the key question in ethics and politics. But now it is easy to determine whether what is thought it should be done follows consistently from other kinds of actions. In other words, whether one can reasonably consider the passage from *ought* to *is* or whether, on the contrary, there is no bridge leading from the realm of ends to the reality of human *facta*, so that it is not

---

[3]Jørgensen's dilemma establishes that either the classical conception of logical science is maintained, according to which it would only deal with statements that are suitable to be true or false —thus discarding as its object those statements whose value is not a truth function of their relevant logical components— or else the latter are considered legitimate objects of logic, and the classical conception needs to be modified [5] .

possible to pass from one to the other in this sense either (which, by the way, is not less intuitive than the famous Hume's naturalistic fallacy).

## 9.3    Deontic logic as one more modal logic

From the point of view of linguistic analysis, we could distinguish the rules that make it mandatory to do something from those that make it obligatory for something to happen. This nuance differentiates imperative statements from those that merely establish a rule, as when describing the rules of a game. However, since we are going to treat imperative statements as normative statements —two closely related *Sprachspiele*, as we have said above—, we will leave aside the logic of preference and the logic of action, to focus on the logic of obligation formulated as a Standard System of Deontic Logic, which we will call *D-System*.

The first to describe such a system was Bengt Hanson [3], who refers to it as "the smallest set [of formulas] that satisfies the following requirements: (i) for any formula $\alpha$ of BL [a basic propositional calculus], $\Box\alpha$ is a formula of the Standard System of Deontic Logic SDL; (ii) the negation of any formula of SDL is a formula of SDL; (iii) the disjunction of any two formulas of SDL is a formula of SDL" [3, p. 374]. We will extend the logical connectives and add the dual modal operator $\Diamond$ for convenience in the interpretation of the formulas of a D-System.

The deontic reinterpretation of modal operators must consider the necessity to work with logical systems that are atypical with respect to what we call *the modal generalization of Aristotle's axiom*. That is, the principle $\Box\alpha \rightarrow \alpha$ of alethic modal logic —analogous to the principle $\forall x \alpha(x) \rightarrow \alpha(a)$ of quantified predicate logic— does not have a deontic equivalent, since from the fact that something is mandatory, it is not followed by no means that this occurs in fact. Instead, the principle $\Box\alpha \rightarrow \Diamond\alpha$ —whose analogue is $\forall x \alpha(x) \rightarrow \exists x \alpha(x)$ in quantified predicate logic— must be operative. Such peculiarities are due to the fact that a rule similar to the Necessitation Rule, which is valid in normal modal logic systems, cannot be admitted in a Standard System of Deontic Logic: $\vdash \alpha \Rightarrow \vdash \Box\alpha$. In fact, our D-System is even weaker than Feys' T-System [2], as the characteristic theorem of T does not hold either, as we will see later.

These restrictions make D become a non-normal system in the Kripkean sense, because by discarding the condition that the accessibility relation between possible worlds be reflexive, we cause the abandonment of the axiom $\Box\alpha \rightarrow \alpha$, which is precisely what SDL requires [6, p. 95].

So, if we include some small modifications in the definition of a T-model we can obtain a D-model [10]. Thus, the conditions defined at the time for the operators of alethic modality do not change when we reinterpret them deontically, but it is enough to introduce a change in the definition of the accessibility relation $\Re$. These are the corresponding definitions of $\Re$ for the main modal systems:

| System | Porperty | Clauses fulfilled by the accessibility relation |
|:---:|:---:|:---:|
| K | —— | —— |
| KD | Seriality | $\forall\lambda\exists\mu(\lambda\Re\mu)$ |
| D | Seriality | $\forall\lambda\exists\mu(\lambda\Re\mu)$ |
|  | Allorelativity | $\forall\mu(\exists\lambda(\lambda\Re\mu) \Rightarrow (\mu\Re\mu))$ |
| T | Reflexivity | $\forall\mu(\mu\Re\mu)$ |
| B | Reflexivity | $\forall\mu(\mu\Re\mu)$ |
|  | Symmetry | $\forall\lambda\mu(\lambda\Re\mu \Rightarrow \mu\Re\lambda)$ |
| S4 | Reflexivity | $\forall\mu(\mu\Re\mu)$ |
|  | Transitivity | $\forall\lambda\mu\nu(\lambda\Re\mu \;\&\; \mu\Re\nu \Rightarrow \lambda\Re\nu)$ |
| S5 | Euclidianity | $\forall\lambda\mu\nu(\lambda\Re\mu \;\&\; \lambda\Re\nu \Rightarrow \mu\Re\nu)$ |

The property of allorelativity replaces that of reflexivity in deontic models. What this property establishes is that if there is in the model a possible world —which can also be interpreted as a model set in the sense Hintikka gave to this concept [4, p. 61]—, and if there is also at least one other possible world accessible to the first one in the model, then we can indeed assert reflexivity. The reason for conditioning that $\mu\Re\mu$ on there being some other possible world $\nu$ such that $\nu\Re\mu$ is that we cannot disregard the fact that rules are not always broken, except when it is not possible to obey them. Now, whenever it is possible to obey a norm, it is possible to think of an alternative possible world accessible to the actual one in which the norm is obeyed.

## 9.4   Semantic tableaux for modal logic

We can now define a general procedure based on semantic tableaux that we will call *semantic trees*. This procedure will allow us to decide whether a given formula is valid or not in a particular modal system by defining the tree construction rules based on the conditions defining model sets —*Hintikka sets*— as models of a possible world, so that we will be able to deal with different modal systems including SDL with a simple variation in the rule associated with the definition of the accessibility relation $\Re$ in each case. This procedure will also provide a model for those formulas that are not valid but satisfiable.

**Definition 1.** *A* Semantic Tree *is a sequence of sequences of expressions of the form $\beta/n$, where $\beta$ is a formula and $n$ is a numerical index such that $n > 0$. The tree is constructed from a first formula $\alpha/1$ according to certain rules of construction that are going to be described. We will call $T_S\alpha$ this sequence of sequences of expressions that starts at $\alpha/1$, being $S$ the modal system where the formula $\alpha$ is tested.*

**Definition 2.** *Any formula $\delta$ is associated with an index $i$ in one sequence $\Sigma$ of $T_S\alpha$ iif the expression $\delta/i$ appears in $\Sigma$.*

**Definition 3.** *An expression of $T_S\alpha$ is properly marked iif one of the following signs appears next to it: $<\neg>, <\vee>, <\wedge>, <\rightarrow>$, or one or more numerical indexes between $<>$.*

One of these marks next to an expression means that one of the semantic tree formation rules has already been applied to the expression. These rules are a formal application of the concept of *model set* to the semantic analysis of a modal formula. In short, they can be described as the translation to the semantic tableaux procedure of the set of conditions defining Hintikka sets [4]. In this sense, it is possible to conceive of the semantic tree as a sequence of metalinguistic statements about a set $\Omega$ of model sets that can be effectively shown by the mere aggregation of all the formulas appearing in the tree into the model set that determines the index to which each formula is associated —except for those sequences that are closed, as we shall see below— so that it is possible to obtain in such a case an S-model that satisfies $\alpha$ from an open $T_S\alpha$.

- $(R.\vee)$: If the first not marked expression of $\Sigma \subset T_S\alpha$ is of the form $(\beta \vee \gamma)/i$ then we obtain two different sequences $\Sigma_1$ and $\Sigma_2$ such that $\Sigma_1 = \Sigma + \beta/i$ and $\Sigma_2 = \Sigma + \gamma/i$, and the expression is marked with $<\vee>$.

- $(R.\wedge)$: If the first not marked expression of $\Sigma \subset T_S\alpha$ is of the form $(\beta \wedge \gamma)/i$ then the expressions $\beta/i$ and $\gamma/i$ are added to the sequence $\Sigma$, and the initial expression is marked with $<\wedge>$.

- $(R. \rightarrow)$: If the first not marked expression of $\Sigma \subset T_S\alpha$ is of the form $(\beta \rightarrow \gamma)/i$ then we obtain two different sequences $\Sigma_1$ and $\Sigma_2$ such that $\Sigma_1 = \Sigma + \neg\beta/i$ and $\Sigma_2 = \Sigma + \gamma/i$ and the expression is marked with $<\rightarrow>$.

- $(R.\neg\neg)$: If the first not marked expression of $\Sigma \subset T_S\alpha$ is of the form $\neg\neg\beta/i$ then the expression $\beta/i$ it is added to the sequence $\Sigma$, and we mark with $<\neg>$.

- $(R.\neg\vee)$: If the first not marked expression of $\Sigma \subset T_S\alpha$ is of the form $\neg(\beta \vee \gamma)/i$ the the expressions $\neg\beta/i$ and $\neg\gamma/i$ are added to the sequence $\Sigma$, and we mark with $<\neg>$.

- $(R.\neg\wedge)$: If the first not marked expression of $\Sigma \subset T_S\alpha$ is of the form $\neg(\beta \wedge \gamma)/i$ then we obtain two different sequences $\Sigma_1$ and $\Sigma_2$ such that $\Sigma_1 = \Sigma + \neg\beta/i$ and $\Sigma_2 = \Sigma + \neg\gamma/i$, and we mark with $<\neg>$.

- $(R.\neg \rightarrow)$: If the first not marked expression of $\Sigma \subset T_S\alpha$ is of the form $\neg(\beta \rightarrow \gamma)/i$ then we add the expressions $\beta/i$ and $\neg\gamma/i$ to the sequence $\Sigma$, and we mark with $<\neg>$.

- $(R.\neg\Diamond)$: If the first not marked expression of $\Sigma \subset T_S\alpha$ is of the form $\neg\Diamond\beta/i$ then we add te expression $\Box\neg\beta/i$ to the sequence $\Sigma$, and we mark with $<\neg>$.

- $(R.\neg\Box)$: If the first not marked expression of $\Sigma \subset T_S\alpha$ is of the form $\neg\Box\beta/i$ then the expression $\Diamond\neg\beta/i$ is added to the sequence $\Sigma$, and we mark with $<\neg>$.

- $(R.\Diamond)$: If the first not marked expression of $\Sigma \subset T_S\alpha$ is of the form $\Diamond\beta/i$ then it is added to the sequence $\Sigma$ the expression $\beta/j$, where $j$ is the lower index higher than $i$ not occurred in the sequence until now, and we mark with $<j>$.

The tree construction rule for expressions of type $\Box\beta/i$ will vary depending on the modal logic system in which we are interpreting the modality operators. In order to define the rule in a general way, we will define a relevance relation between numerical indices from the properties of the accessibility relation $\Re$ that distinguish each one of the modal logic systems described above.

**Definition 4.** *An index $j$ is said to be relevant to another index $i$ in the semantic tree $T_S\alpha$ (in short, $i \sim j$) iif the index $j$ appears in $T_S\alpha$*

*by marking a formula of type $\lozenge\beta/i$.*

## Definition 5.

   *a) $\forall i, j \in \Sigma \quad i \sim_T j$ iif $i \sim j$ or $i = j$*

   *b) $\forall i, j \in \Sigma \quad i \sim_B j$ iif $i \sim j$ or $j \sim i$*

   *c) $\forall i, j \in \Sigma \quad i \sim_{S4} j$ iif $i \sim j$ or $\exists k \in \Sigma \quad i \sim k \sim j$*

   *d) $\forall i, j \in \Sigma \quad i \sim_{S5} j$*

   *e) $\forall i, j \in \Sigma \quad i \sim_D j$ iif $i \sim j$ or $i = j$ and $\exists k \in \Sigma$ such that $k \sim i$*

Now we can define the rule for expressions of type $\Box\beta/i$ appearing in the $T_S\alpha$ sequence, the subscript $S$ being for any of the above modal systems:

- $(R_S.\Box)$: If the first not marked expression of $\Sigma \subset T_S\alpha$ is of the form $\Box\beta/i$ then we add to the sequence $\Sigma$ all the expressions $\beta/j_1, ...\beta/j_n$, where $j_1, ...j_n$ are all the indices appearing in the sequence such that $i \sim_S j_k$ for $1 \leq k \leq n$, and we mark with $< j_1, ...j_n >$

**Definition 6.** *A sequence $\Sigma_n \subset T_S\alpha$ is said to be closed if and only if two expressions of the form $\beta/i$ and $\neg\beta/i$ appear in it, where the formula $\beta$ is atomic —that is: none of the signs $\wedge, \vee, \rightarrow$, nor logical operators appear in the formula— and, therefore, none of the rules of construction can be applied to it. The closing of a sequence is symbolized by a cross at the end of the sequence. When all the sequences of a tree are closed, the tree itself is said to be closed.*

When a sequence $\Sigma$ is closed, the index $i$ to which the formulas $\beta$ and $\neg\beta$ are associated cannot be interpreted as a model set, since, by the definition of Hintikka sets to which model sets correspond, if $\beta \in \mu_i$ then $\neg\beta \notin \mu_i$. This means that in such a sequence the indices do not represent model sets, and the sequence must be interpreted as a failed attempt to construct an S-model satisfying the initial formula.

**Definition 7.** *An expression $\beta/i$ belonging to a sequence $\Sigma$ is said to depend on any other expression $\alpha/j$ appearing in the sequence if $\beta/i$ is $\alpha/j$ or appears in $\Sigma$ by the application of one of the tree formation rules on an expression $\gamma/h$ that depends on $\alpha/j$.*

**Theorem 1.** *If $\alpha$ is $S-satisfiable$ then there is at least one sequence $\Sigma_n \subset T_S\alpha$ such that if $\beta/i \in \Sigma_n$ depends on $\alpha/i$, for any index $i$ and any formula $\beta$, then $\beta$ is also S-satisfiable.*

This theorem is proved by induction on the number of applications of the semantic tree construction rules. The proof can be found in Salguero-Lamillar [10, pp. 52-54] Likewise, the following lemma can be demonstrated [10, pp. 55-58]

**Lemma 1.** *For every formula $\alpha$ and every open sequence $\Sigma_n \subset T_S\alpha$, there is an S-model that S-satisfies simultaneously all the formulas of $\Sigma_n$.*

The following lemma also holds [10, pp. 58]:

**Lemma 2.** *Given any S-satisfiable formula $\alpha$, there is at least one sequence $\Sigma_n \subset T_S\alpha$ such that it is possible to show an S-model that makes all the formulas of $\Sigma_n$ simultaneously S-satisfiable.*

Both lemmas allow us to prove the following theorem, called the *Fundamental Theorem of Semantic Trees*:

**Theorem 2.** *$T_S\alpha$ is closed if and only if $\alpha$ is not S-satisfiable.*

We can add these two corollaries as well:

**Corollary 1.** *$\alpha$ is S-valid ($\models_S \alpha$) iif $T_S\neg\alpha$ is closed.*

**Corollary 2.** *$\alpha$ is a logical consequence of a non-empty set of formulas $\Gamma$ in the system S ($\Gamma \models_S \alpha$) iif there is a formula $\gamma$ that is the formula*

*we obtain joining with the functor $\wedge$ all the formulas of a finite subset*
$\Gamma' \subset \Gamma$ *such that* $T_S \neg(\gamma \rightarrow \alpha)$ *is closed.*

## 9.5   Applying semantic tableaux to deontic logic

The two previous corollaries enable us to use semantic trees as a method
to prove the validity or satisfiability of a formula of any of the classical
systems of modal logic, but also of the formulas that formalize normative
statements that constitute the language of a Standard System of Deontic
Logic (SDL). For example, we can prove the validity of the characteristic
axioms of SDL by applying the rules of construction of semantic trees
and using the specific rule for $(R_D.\square)$.

**[AD1]** $\square\alpha \rightarrow \Diamond\alpha$

$$\neg(\square\alpha \rightarrow \Diamond\alpha)/1_{<\neg>}$$
$$\square\alpha/1_{<2>}$$
$$\neg\Diamond\alpha/1_{<\neg>}$$
$$\square\neg\alpha/1_{<2>}$$
$$\alpha/2$$
$$\neg\alpha/2$$
$$\times$$

In this semantic tree, index 2 does not appear in the sequence by
marking a formula of the type $\Diamond\beta$, so it is not relative to index 1. However, there needs to be at least one $\mu_1\Re\mu_2$ by the previously given definition of the accesibility relation in D, which contemplates the seriality
or idealization clause. In other words, a normative statement of obligation only makes sense if there is at least one possible world (ideal or
not) in which the norm is fulfilled. Thus, it follows from this axiom
that the obligatory nature of a fact or an action means that this fact
or action is permitted. This is a different way of presenting the same
normative principle established by Von Wright in his minimal system of

deontic logic [15] by denying that an action could be obligatory as well as its negation: $\neg(\Box\alpha\wedge\Box\neg\alpha)$. The semantic tree of the negation of this formulation of the axiom is almost identical to [AD1].

These are the semantic trees for the other two characteristic axioms of SDL.

**[AD2]** $\Box(\alpha\wedge\beta)\leftrightarrow(\Box\alpha\wedge\Box\beta)$       **[AD3]** $\Box(\alpha\vee\neg\alpha)$

$\neg[\Box(\alpha\wedge\beta)\leftrightarrow(\Box\alpha\wedge\Box\beta)]/1_{<\neg>}$
$\Box(\alpha\wedge\beta)/1_{<2>}$
$\neg(\Box\alpha\wedge\Box\beta)/1_{<\neg>}$

$\neg\Box\alpha/1_{<\neg>}$ $\qquad$ $\neg\Box\beta/1_{<\neg>}$
$\Diamond\neg\alpha/1_{<2>}$ $\qquad$ $\Diamond\neg\beta/1_{<2>}$
$\neg\alpha/2$ $\qquad\qquad$ $\neg\beta/2$
$\alpha\wedge\beta/2_{<\wedge>}$ $\quad$ $\alpha\wedge\beta/2_{<\wedge>}$
$\alpha/2$ $\qquad\qquad$ $\alpha/2$
$\times$ $\qquad\qquad\quad$ $\beta/2$
$\qquad\qquad\qquad\quad$ $\times$

$\neg\Box(\alpha\vee\neg\alpha)/1_{<\neg>}$
$\Diamond\neg(\alpha\vee\neg\alpha)/1_{<2>}$
$\neg(\alpha\vee\neg\alpha)/2_{<\neg>}$
$\neg\alpha/2$
$\alpha/2$
$\times$

The semantic trees starting from the negation of these three characteristic axioms of SDL are closed, which means that the corresponding non-negated formulas are valid. Of course, it is also possible to apply the tree construction rules for a D-System to some of the theorems proposed by Von Wright [13] in order to prove their validity:

**[TD1]** $\Diamond\alpha\vee\Diamond\neg\alpha$

**[TD2]** $(\Box\alpha\vee\Box\beta)\rightarrow\Box(\alpha\vee\beta)$

**[TD3]** $\Diamond(\alpha\wedge\beta)\rightarrow(\Diamond\alpha\wedge\Diamond\beta)$

**[TD4]** $(\Box\alpha\wedge\Box(\alpha\rightarrow\beta))\rightarrow\Box\beta$ [4]

---

[4]Theorem [TD4] was called *law of derived obligation* by Von Wright. It gives

**[TD5]** $(\Diamond\alpha \wedge \Box(\alpha \to \beta)) \to \Diamond\beta$

**[TD6]** $(\neg\Diamond\alpha \wedge \Box(\beta \to \alpha)) \to \neg\Diamond\beta$

**[TD7]** $(\Box(\alpha \to (\beta \vee \gamma)) \wedge \neg\Diamond\beta \wedge \neg\Diamond\gamma) \to \neg\Diamond\alpha$

**[TD8]** $\neg(\Box(\alpha \vee \beta) \wedge \neg\Diamond\alpha \wedge \neg\Diamond\beta)$

**[TD9]** $(\Box\alpha \wedge \Box((\alpha \wedge \beta) \to \gamma)) \to \Box(\beta \to \gamma)$

**[TD10]** $\Box(\neg\alpha \to \alpha) \to \Box\alpha$

Theorems [TD4]–[TD10] correspond to what Von Wright called *laws of commitment*, which give rise to the famous paradoxes on commitment, such as Ross' paradox, due to the philosopher Alf Ross, who stated it by saying that from this theorem it follows, for example, that if it is obligatory to put a letter in the mailbox then it is also obligatory to put it in the mailbox or burn it [9]:

**[TD11]** $\Box\alpha \to \Box(\alpha \vee \beta)$

We can prove [TD11] by the procedure of semantic trees, testing the negation of the theorem:

$$\neg(\Box\alpha \to \Box(\alpha \vee \beta))/1_{<\neg>}$$
$$\Box\alpha/1_{<2>}$$
$$\neg\Box(\alpha \vee \beta)/1_{<\neg>}$$
$$\Diamond\neg(\alpha \vee \beta)/1_{<2>}$$
$$\neg(\alpha \vee \beta)/2_{<\neg>}$$
$$\alpha/2$$
$$\neg\alpha/2$$
$$\times$$

In the same way we can demonstrate the independence of System D of deontic logic from systems B and T (this last equivalent to Von

---

rise to the well-known paradoxes of derived obligation [8], which are related to the paradoxes of strict implication ([1]).

Wright's System M), applying the different rules of construction of the semantic tree according to the definitions of the accessibility relation $\mathfrak{R}$.

**[T]** $\Box \alpha \to \alpha$ [5]

If we construct the semantic tree of $\neg[T]$ using the rule $(R_T.\Box)$, we prove the T-validity of [T]:

$$\neg(\Box \alpha \to \alpha)/1_{<\neg>}$$
$$\Box \alpha /1_{<1>}$$
$$\neg \alpha /1$$
$$\alpha /1$$
$$\times$$

The axiom [T] is known as the *necessity axiom*, and it is not only T-valid, but also B-valid, S4-valid and S5-valid, as can easily be verified. Every T-valid formula is B-valid or S4-valid, and every B-valid or S4-valid formula is S5-valid, in turn.

However, if we use $(R_D.\Box)$, we obtain a non-closed tree, which means that the negation of the axiom [T] has a model that satisfies it in SDL under the deontic interpretation of modal operators:

$$\neg(\Box \alpha \to \alpha)/1_{<\neg>}$$
$$\Box \alpha /1_{<2>}$$
$$\neg \alpha /1$$
$$\alpha /2$$

This means that $\models_T \Box \alpha \to \alpha$ but $\not\models_D \Box \alpha \to \alpha$. That is, while it is a demonstrable truth that if an act is necessary then it occurs in every possible world, it is not a demonstrable truth that if an act is obligatory then it occurs in every possible world, even if there is one in which it does occur. Thus, we can equally prove that the proposition $\Diamond \alpha \to \alpha$ —if an act is permitted then it occurs— is not valid in SDL, for the

---

[5]This axiom is equivalent to $\alpha \to \Diamond \alpha$ by contraposition.

same reasons as in the case of [T].

The Brouwerian axiom is not valid in SDL either, which can be verified by comparing the semantic trees $T_B \neg [B]$ and $T_D \neg [B]$:

**[B]**  $\alpha \to \Box \Diamond \alpha$

$$\neg(\alpha \to \Box \Diamond \alpha)/1_{<\neg>} \qquad\qquad \neg(\alpha \to \Box \Diamond \alpha)/1_{<\neg>}$$
$$\alpha/1 \qquad\qquad\qquad\qquad \alpha/1$$
$$\neg \Box \Diamond \alpha/1_{<\neg>} \qquad\qquad\qquad \neg \Box \Diamond \alpha/1_{<\neg>}$$
$$\Diamond \Box \neg \alpha/1_{<2>} \qquad\qquad\qquad \Diamond \Box \neg \alpha/1_{<2>}$$
$$\Box \neg \alpha/2_{<1,2>} \qquad\qquad\qquad \Box \neg \alpha/2_{<2>}$$
$$\neg \alpha/1 \qquad\qquad\qquad\qquad \neg \alpha/2$$
$$\neg \alpha/2$$
$$\times$$

The semantic tree on the left is closed because the formula $\Box \neg \alpha$ is marked with the two numerical indices that appear in $T_B \neg [B]$, since the accessibility relation in B is symmetric, which means that $1 \sim 2$ and $2 \sim 1$. On the other hand, the formula $\Box \neg \alpha$ in the tree on the right is only marked with index 2 because the $\Re$ relation is not symmetric in SDL, which causes $T_D \neg [B]$ not to be closed. In other words, $\models_B \alpha \to \Box \Diamond \alpha$ because the accesibility relation $\Re$ is reflexive and symmetric in the modal system B, but $\not\models_D \alpha \to \Box \Diamond \alpha$ because $\Re$ is serial and allorelative in the modal system D.

We can now consider a system of extended deontic logic that includes deontic operators and alethic operators to formalize some principles of moral philosophy, such as those that have to do with the possibility or impossibility of performing prescribed acts. Attending to the Kantian observation that human freedom consists in following the commands of pure moral laws, which determine *a priori* what it is necessary to do or not to do —so that it is pure reason that proclaims that these acts must take place, and that it is consequently necessary that they can take place— we will describe a bimodal logic in which we will distinguish the deontic operators $\bigcirc$ ("it is obligatory that") and $\triangle$ ("it is permitted that") from the alethic interpretation $\square$ ("it is necessary that") and $\lozenge$ ("it is possible that"). We will call this extension of SDL the *Sollen-Können logic system* (SK-System or, simply, SK). The defining axiom of SK is the following one:

**[SK]** $\bigcirc(\bigcirc\alpha \to \lozenge\alpha)$

The axiom [SK] states that if an act is obligatory this act *must* be possible[6]. By contraposition, it also states that what is not possible must not be obligatory: $\bigcirc(\neg\lozenge\alpha \to \neg\bigcirc\alpha)$. If we add [SK] to SDL we obtain a bimodal system that behaves as a T-System for alethic interpretations of the modal operators and a D-System for their deontic interpretation. So, the construction rules for a $T_{SK}\alpha$ are $(R_{SK}.\triangle) = (R_{SK}.\lozenge) = (R.\lozenge)$, $(R_{SK}.\square) = (R_T.\square)$ and $(R_{SK}.\bigcirc) = (R_D.\square)$.

Now we can check the validity of the axiom [SK] and some more theorems of SK:

**[SK]** $\bigcirc(\bigcirc\alpha \to \lozenge\alpha)$

$$\neg\bigcirc(\bigcirc\alpha \to \lozenge\alpha)/1_{<\neg>}$$
$$\triangle\neg(\bigcirc\alpha \to \lozenge\alpha)/1_{<2>}$$
$$\neg(\bigcirc\alpha \to \lozenge\alpha)/2_{<\neg>}$$
$$\bigcirc\alpha/2_{<2>}$$
$$\neg\lozenge\alpha/2_{<\neg>}$$
$$\square\neg\alpha/2_{<2>}$$
$$\neg\alpha/2$$
$$\alpha/2$$
$$\times$$

---

[6]In the chapter Deontic Logic and its Philosophical Morals, Jaakko Hintikka [4, pp. 196-199]. proposes this formula for the main axiom of such a bimodal system instead of the more simple axiom $\bigcirc\alpha \to \lozenge\alpha$: if an act is obligatory then it is possible.

**[TSK1]** $\bigcirc(\Box\alpha \to \triangle\alpha)$

$$\neg\bigcirc(\Box\alpha \to \triangle\alpha)/1_{<\neg>}$$
$$\triangle\neg(\Box\alpha \to \triangle\alpha)/1_{<2>}$$
$$\neg(\Box\alpha \to \triangle\alpha)/2_{<\neg>}$$
$$\Box\alpha/2_{<2>}$$
$$\neg\triangle\alpha/2_{<\neg>}$$
$$\alpha/2$$
$$\bigcirc\neg\alpha/2_{<2>}$$
$$\neg\alpha/2$$
$$\times$$

**[TSK2]** $\Box\bigcirc\alpha \to \bigcirc\alpha$

$$\neg(\Box\bigcirc\alpha \to \bigcirc\alpha)/1_{<\neg>}$$
$$\Box\bigcirc\alpha/1_{<1>}$$
$$\neg\bigcirc\alpha/1_{<\neg>}$$
$$\bigcirc\alpha/1_{<2>}$$
$$\triangle\neg\alpha/1_{<2>}$$
$$\neg\alpha/2$$
$$\alpha/2$$
$$\times$$

**[TSK3]** $\triangle\alpha \to \Diamond\triangle\alpha$

$$\neg(\triangle\alpha \to \Diamond\triangle\alpha)/1_{<\neg>}$$
$$\triangle\alpha/1_{<2>}$$
$$\neg\Diamond\triangle\alpha/1_{<\neg>}$$
$$\alpha/2$$
$$\Box\bigcirc\neg\alpha/1_{<1>}$$
$$\bigcirc\neg\alpha/1_{<2>}$$
$$\neg\alpha/2$$
$$\times$$

**[TSK4]** $\Box(\bigcirc\alpha \to \triangle\alpha)$

$$\neg\Box(\bigcirc\alpha \to \triangle\alpha)/1_{<\neg>}$$
$$\Diamond\neg(\bigcirc\alpha \to \triangle\alpha)/1_{<2>}$$
$$\neg(\bigcirc\alpha \to \triangle\alpha)/2_{<\neg>}$$
$$\bigcirc\alpha/2_{<3>}$$
$$\neg\triangle\alpha/2_{<\neg>}$$
$$\bigcirc\neg\alpha/2_{<3>}$$
$$\alpha/3$$
$$\neg\alpha/3$$
$$\times$$

In the tree for [TSK4], the fourth and sixth formulas are marked with the new index 3 for the same reason given above for [AD1]. They are not marked with index 2 appearing in the sequence since $1 \sim_T 2$, but not $1 \sim_D 2$. This theorem states that what is obligatory is necessarily permitted, as a counterpoint to the principle of moral reason established by [TSK1], which states that what is necessary must be permitted.

# Acknowledgements

I first approached deontic logic in 1991, in my PhD thesis on modal logic, under the guidance of Emilio Díaz-Estévez, my thesis supervisor, who conceived the method of finite reductions of infinite semantic trees for classical predicate logic, which I later applied to modal logic. To him I owe some of my main contributions in this paper. I also owe Alfredo Burrieza the idea of using numerical indices in semantic trees to mark the relations between possible worlds at the metalanguage level when evaluating formulas of a language with modality operators. For this reason, I have wanted to recover and update this proposal as a tribute to Professor Burrieza, master and friend. To both of them, and to my colleagues in the areas of Logic and Philosophy of Science and General Linguistics, all my gratitude.

# Bibliography

[1] Lennart Åqvist. *Introduction to deontic logic and the theory of normative systems.* Bibliopolis, 1987.

[2] Robert Feys. *Modal Logics.* Gauthier-Villars, Paris, 1965.

[3] Bengt Hanson. An analysis of some deontic logics. *Noûs*, 3(4):373–398, 1969.

[4] Jaakko Hintikka. *Models for Modalities.* D. Reidel Publ. Co, Dordrecht, 1969.

[5] Jørgen Jørgensen. Imperatives and logic. *Erkenntnis*, 7:288–296, 1937.

[6] Saul Kripke. Semantical analysis of modal logic i: Normal modal propositional calculi. *Zeitschrift für mathematische Logik und Grundlagen der Mathematik*, 9:67–96, 1963.

[7] Ernst Mally. Grundgesetze des sollens: Elemente der logik des wil-
    lens. In *Ernst Mally, Logische Schriften: Grosses Logikfragment,
    Grundgesetze des Sollens*, pages 227–324. Graz: Leuschner und
    Lubensky, Universitäts-Buchhandlung, viii+85 pp. Reprinted in ,
    edited by Karl Wolf and Paul Weingartner, , Dordrecht: D. Reidel,
    1971, 1926.

[8] Arthur N. Prior. The paradoxes of derived obligation. *Mind*,
    63(249):64–65, 1954.

[9] Alf Ross. Imperatives and logic. *Philosophy of Science*, 11(1):30–46,
    1944.

[10] Francisco J. Salguero-Lamillar. *Árboles semánticos para lógica
    modal con algunos resultados sobre sistemas normales*. Universi-
    dad de Sevilla, Sevilla, 1991.

[11] Franz von Kutschera. *Grundlagen der Ethik*. Walter de Gruyter,
    Berlin/New York, 1982.

[12] Mary Warnock. *Ethics since 1900*. Oxford University Press, Lon-
    don/New York, 1966.

[13] Von Wright and Georg Henrik. Deontic logic. *Mind*, 60:1–15, 1951.

[14] Von Wright and Georg Henrik. *An Essay in Deontic Logic and the
    General Theory of Action*. Societas Philosophica Fennica, Helsinki,
    1968.

[15] Von Wright and Gerog Henrik. A new system of deontic logic.
    *Danish Yearbook of Philosophy*, 1:173–182, 1964.

# Capítulo 10

# Acercamiento a la lógica clásica con perspectiva LLI

FERNANDO SOLER-TOSCANO
Universidad de Sevilla

## 10.1  Introducción

Este trabajo describe el proyecto LogiCoLab, orientado a la enseñanza de la Lógica utilizando cuadernos de Google Colab. Tiene como objetivo introducir la lógica clásica adoptando una perspectiva de Lógica, Lenguaje e Información (LLI). Para ello, se han elaborado cuadernos Jupyter que hacen posible a los estudiantes que se acercan a la Lógica desde la Filosofía tener, al mismo tiempo, contacto con diversas nociones computacionales como la programación, procesamiento del lenguaje natural o teoría de la complejidad. Así, los estudiantes se inician en la lógica con una mirada al campo más amplio LLI.

El proyecto tiene también como objetivo acercar a los estudiantes a proyectos de código abierto donde pueden encontrar materiales, software y aplicaciones de la lógica con licencias libres. Así, se combinan los materiales propios con otros como los asistentes de deducción natural de Open Logic Project.

## 10.2   Cuadernos de Google Colab

Los cuadernos de Google Colaboratory, o Google Colab, son cuadernos Jupyter que permiten la ejecución de código desde un navegador. Estos cuadernos permiten alternar texto escrito con código en lenguajes como Python [3] y R, entre otros. Son fáciles de compartir y muy adecuados para la docencia por permitir la combinación de texto, figuras y código ejecutable.

Es por ello que seleccionamos la herramienta Google Colab, que facilita el uso de los cuadernos sin necesidad de instalar software específico, ni disponer de un hardware especial, dado que los cuadernos se ejecutan desde un amplio número de navegadores, incluyendo dispositivos móviles. La combinación de texto escrito donde se explican nociones teóricas (incluyendo fórmulas escritas en LaTeX) con código ejecutable, permite practicar con las nociones aprendidas. Al manipular ejemplos de los conceptos que se van aprendiendo, se faclita la asimilación de los contenidos.

Los cuadernos que hemos desarrollado se encuentran accesibles desde el repositorio de LogiCoLab en GitHub[1]. Es posible tanto descargar los cuadernos como abrirlos en línea.

## 10.3   Librerías utilizadas

Uno de los objetivos de LogiCoLab es poner en contacto a los estudiantes con el mundo de la codificación, sin pretender que aprendan a progra-

---

[1]Ver el proyecto en `https://github.com/fersoler/LogiCoLab`.

mar. Se trata, sobre todo, de que descubran que la programación puede resultarles una herramienta útil en diversas situaciones. En la lógica, la programación nos permite convertir las nociones teóricas en objetos manipulables aplicables a casos reales.

Por ello, encontramos útil mostrar a los estudiantes que existen librerías que permiten manipular fórmulas de la lógica proposicional y de predicados, aunque no las utilicen directamente sino a través de formularios elaborados en los cuadernos del proyecto. Recurrimos a dos librerías, sympy para la manipulación sintáctica y semántica de fórmulas de la lógica proposicional, y NLTK (Natural Language Toolkit) tanto para manipular fórmulas de lógica de predicados como para programar las gramáticas que nos permiten introducir las fórmulas con una notación semejante a la que aparece en los libros de texto. Además, la librería NLTK es una gran oportunidad para asomar a los estudiantes al mundo del procesamiento del lenguaje natural a través de nociones como analizadores sintácticos, semántica computacional, etc.

## 10.3.1 Librería sympy

Utilizamos esta librería en los cuadernos dedicados a la lógica proposicional. Es una librería general de cálculo simbólico que tiene módulos específicos para trabajar con la lógica proposicional. Permite elaborar fácilmente tablas de verdad, normalizar fórmulas o aplicar algoritmos eficientes de satisfacibilidad, por ejemplo. Dado que la sintaxis es diferente a la que los estudiantes encuentran en los textos de lógica, hemos elaborado un analizador utilizando NLTK para introducir las fórmulas de modo más natural.

A continuación comentamos algunas de las funciones de sympy [2] que se emplean en LogiCoLab. Lo hacemos mostrando código ejecutable en Google Colab junto a la salida que produce. Si el lector accede a Google Drive y crea un documento de Google Colaboratory, puede probar el código. En primer lugar, veamos cómo se pueden leer fórmulas proposicionales:

```
from sympy import *
p, q, r, s, t = symbols('p q r s t')
fml = (p & q) >> r
fml
```

  ⌐➤  $(p \wedge q) \Rightarrow r$

El código anterior importa la librería sympy (línea 1), declara cinco variables proposicionales como símbolos (línea 2) y declara la variable proposicional fml como la fórmula proposicional $(p \wedge q) \rightarrow r$ (línea 3). La línea 4 sirve para mostrar fml, que como vemos se imprime con una notación lógica estándar.

La librería sympy, como hemos comentado, posee numerosas funciones para facilitar el trabajo en lógica proposicional. Veamos cómo podemos evaluar la fórmula fml $((p \wedge q) \rightarrow r)$ considerando $p$ verdadera, $q$ falsa y $r$ verdadera:

```
fml.subs({p: 1, q: 0, r: 1})
```

  ⌐➤  True

En el cuaderno dedicado al lenguaje y semántica de la lógica proposicional utilizamos estas funciones para analizar y evaluar fórmulas proposicionales (figura 10.1).

Igualmente, es sencillo reemplazar una subfórmula por otra, lo que facilita los cálculos de equivalencias:

```
fml.subs({p & q: ~(~p | ~q)})
```

  ⌐➤  $\neg(\neg p \vee \neg q) \Rightarrow r$

Con equals, comprobamos si la fórmula $\neg p \vee \neg q \vee r$ es equivalente a fml:

```
fml.equals(~p | ~q | r)
```

  ⌐➤  True

Fórmula: ¬(p ↔ (q v r))

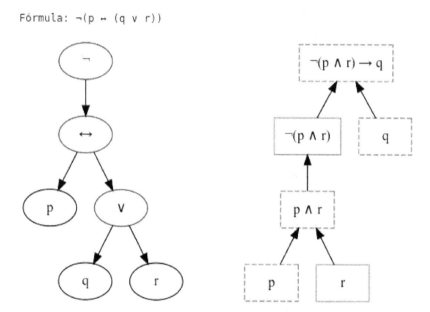

Figura 10.1: A la izquierda, árbol sintáctico de la fórmula $\neg(p \leftrightarrow (q \lor r))$. A la derecha, evaluación de la fórmula $\neg(p \land r) \to q$ en una interpretación que hace falsas $p$ y $q$ y verdadera $r$. Los nodos que contienen subfórmulas verdaderas están dibujados con líneas sólidas verdes. Los que contienen fórmulas falsas, líneas discontinuas rojas.

Podemos hacer una tabla de verdad en que calculamos el valor de verdad de `fml` en todas las interpretaciones posibles:

```
from sympy.logic.boolalg import truth_table
table = truth_table(fml, [p, q, r])
for t in table:
    print('{0} -> {1}'.format(*t))
```

```
[0, 0, 0] -> True
[0, 0, 1] -> True
[0, 1, 0] -> True
[0, 1, 1] -> True
[1, 0, 0] -> True
[1, 0, 1] -> True
[1, 1, 0] -> False
[1, 1, 1] -> True
```

En el código anterior, la línea 1 carga las funciones necesarias para hacer tablas de verdad. La línea 2 construye la tabla de verdad para `fml` considerando todas las interpretaciones posibles para las variables $p$, $q$ y $r$. Las líneas 3 y 4 recorren todas las filas de la tabla de verdad e imprimen las interpretaciones y el valor de verdad de `fml` en cada caso. En los cuadernos de LogiCoLab se incluyen funciones para visualizar las tablas de verdad de forma más amigable, así como construir una tabla de verdad de varias fórmulas.

La función `to_cnf()` construye la formula normal conjuntiva de una fórmula:

```
to_cnf("(p & q) | (r & s)")
```

$(p \lor r) \land (p \lor s) \land (q \lor r) \land (q \lor s)$

También es posible obtener formas normales disyuntivas y negativas con `to_dnf()` y `to_nnf()`, respectivamente (figura 10.2, izquierda).

La función `satisfiable(fml)` aplica el algoritmo DPLL (figura 10.2, derecha) de satisfacibilidad proposicional y, si la fórmula es satisfacible, devuelve una interpretación que ha hace verdadera:

```
to_cnf("(p & q) | (r & s)")
```

`{r: True, p: False, q: False}`

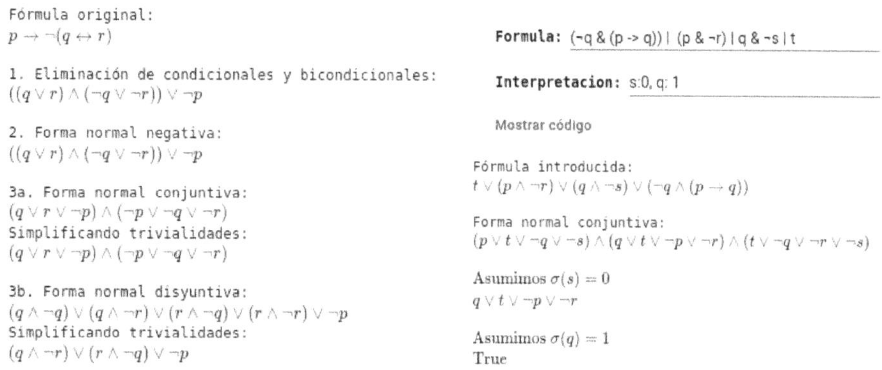

Fórmula original:
$p \to \neg(q \leftrightarrow r)$

1. Eliminación de condicionales y bicondicionales:
$((q \vee r) \wedge (\neg q \vee \neg r)) \vee \neg p$

2. Forma normal negativa:
$((q \vee r) \wedge (\neg q \vee \neg r)) \vee \neg p$

3a. Forma normal conjuntiva:
$(q \vee r \vee \neg p) \wedge (\neg p \vee \neg q \vee \neg r)$
Simplificando trivialidades:
$(q \vee r \vee \neg p) \wedge (\neg p \vee \neg q \vee \neg r)$

3b. Forma normal disyuntiva:
$(q \wedge \neg q) \vee (q \wedge \neg r) \vee (r \wedge \neg q) \vee (r \wedge \neg r) \vee \neg p$
Simplificando trivialidades:
$(q \wedge \neg r) \vee (r \wedge \neg q) \vee \neg p$

**Formula:** $(\neg q \,\&\, (p \to q)) \mid (p \,\&\, \neg r) \mid q \,\&\, \neg s \mid t$

**Interpretacion:** s:0, q: 1

Mostrar código

Fórmula introducida:
$t \vee (p \wedge \neg r) \vee (q \wedge \neg s) \vee (\neg q \wedge (p \to q))$

Forma normal conjuntiva:
$(p \vee t \vee \neg q \vee \neg s) \wedge (q \vee t \vee \neg p \vee \neg r) \wedge (t \vee \neg q \vee \neg r \vee \neg s)$

Asumimos $\sigma(s) = 0$
$q \vee t \vee \neg p \vee \neg r$

Asumimos $\sigma(q) = 1$
True

Figura 10.2: A la izquierda, obtención de formas normales de una fórmula proposicional. A la derecha, aplicación del algoritmo DPLL a una fórmula. A la vista de la FNC de la fórmula proporcionada, se pueden elegir los literales más adecuados para construir una interpretación que satisface la fórmula.

Todas estas funciones son usadas en los cuadernos de LogiCoLab. Aunque aparecen en bloques de código ocultos al usuario, en cada cuaderno hay algunas secciones en que se muestra el código más relevante y se anima a usarlo directamente como herramienta de cálculo lógica.

### 10.3.2 Librería NLTK

La librería NLTK (Natural Language Toolkit [1]) es un conjunto de bibliotecas y programas para el procesamiento del lenguaje natural. En LogiCoLab usamos gramáticas para el análisis sintáctico de las fórmulas y funciones que permiten trabajar con lógica de predicados de primer orden tanto a nivel semántico (evaluación de una fórmula en un modelo) como sintáctico (cálculo de tableaux).

Como hemos visto al comentar la librería **sympy**, la sintaxis que emplea no es la que el estudiante suele encontrar en textos de lógica. Además, la precedencia y asociatividad de las conectivas tampoco es la habitual. Por ello, hemos definido la siguiente gramática LFG:

```
 1  import nltk
 2  from nltk.grammar import FeatureGrammar
 3
 4  grammarText = """
 5  % start F
 6  F[p=atm, s=?s] -> '(' F[s=?s] ')'
 7  F[p=not, s=[c=Not, l=?l]] -> '-' F[p=not, s=?l]
 8  F[p=not, s=[c=Not, l=?l]] -> '-' F[p=atm, s=?l]
 9  F[p=and, s=[c=And, l=?l, r=?r]] ->
10      LAnd[s=?l] '&' LAnd[s=?r] |
11      LAnd[s=?l] '&' F[p=and, s=?r]
12  LAnd[s=?s] -> F[p=not, s=?s] | F[p=atm, s=?s]
13  F[p=or, s=[c=Or, l=?l, r=?r]] ->
14      LOr[s=?l] '|' LOr[s=?r] |
15      LOr[s=?l] '|' F[p=or, s=?r]
16  LOr[s=?s] ->
17      F[p=and, s=?s] | F[p=not, s=?s] | F[p=atm, s=?s]
18  F[p=imp, s=[c=Implies, l=?l, r=?r]] ->
19      LImp[s=?l] '->' LImp[s=?r] |
20      LImp[s=?l] '->' F[p=imp, s=?r]
21  LImp[s=?s] -> F[p=or, s=?s] | F[p=and, s=?s] |
22      F[p=not, s=?s] | F[p=atm, s=?s]
23  F[p=eqv, s=[c=Equivalent, l=?l, r=?r]] ->
24      LEqv[s=?l] '<->' LEqv[s=?r] |
25      LEqv[s=?l] '<->' F[p=eqv, s=?r]
26  LEqv[s=?s] -> F[p=imp, s=?s] | F[p=or, s=?s] |
27      F[p=and, s=?s] | F[p=not, s=?s] | F[p=atm, s=?s]
28  F[p=atm, s=[c=Symbol, l=p]] -> 'p'
29  F[p=atm, s=[c=Symbol, l=q]] -> 'q'
30  F[p=atm, s=[c=Symbol, l=r]] -> 'r'
31  F[p=atm, s=[c=Symbol, l=s]] -> 's'
32  F[p=atm, s=[c=Symbol, l=t]] -> 't'
33  """
34  # Grammar and parser
35  grammar = FeatureGrammar.fromstring(grammarText)
36  parser = nltk.parse.FeatureChartParser(grammar)
37  # Test:
38  pfml = parser.parse('p & q -> r'.split())
39  fml = next(pfml)
40  struct = fml.label()
41  print(struct['s'])
```

⌐•

```
[ c = 'Implies'                    ]
[                                  ]
[     [ c = 'And'           ] ]
[     [                     ] ]
[     [ l = [ c = 'Symbol' ] ] ]
[ l = [     [ l = 'p'       ] ] ]
[     [                     ] ]
[     [ r = [ c = 'Symbol' ] ] ]
[     [     [ l = 'q'       ] ] ]
[                                  ]
[ r = [ c = 'Symbol' ]            ]
[     [ l = 'r'       ]            ]
```

Dado que hemos orientado LogiCoLab hacia una perspectiva LLI, mostramos a los estudiantes cómo son las estructuras de rasgos que utilizan las gramáticas LFG para el análisis sintáctico. En el código anterior, las líneas 4–33 definen la gramática como una cadena que luego va a ser interpretada por un analizador sintáctico (líneas 35 y 36). Las líneas 38–41 generan e imprimen la estructura de rasgos correspondiente a la fórmula $p \wedge q \rightarrow r$. En cada bloque de rasgos, c indica el operador principal y l (left) y r (right) los operandos. Esta estructura es la que luego se convierte a una fórmula sympy.

Pasando a la lógica de predicados de primer orden, NLTK permite definir una estructura y evaluar fórmulas en ella:

```
 1 from nltk import *
 2 #@title
 3 myV = [('a', 'i1'),                    # Constantes
 4        ('b', 'i2'),
 5        ('P', set(['i1', 'i4'])),       # Predicados
 6        ('Q', set(['i1', 'i3'])),
 7        ('R', set([('i1', 'i4'), ('i4', 'i3')]))]
 8 myVal = Valuation(myV)            # Interpretación
 9 myDom = myVal.domain             # Dominio
10 myG = Assignment(myDom)          # Variables libres
11 myModel = Model(myDom, myVal)    # Estructura
12 # Lista de fórmulas que vamos a evaluar
13 listaFmls = [
14     "R(a, b)",
15     "some x. (P(x) & Q(x))",
16     "all x . (P(x) -> some y . R(x,y))"]
17 print("Estructura definida:")
```

Fórmula: $\forall x(P(x) \rightarrow \exists y R(x,y))$

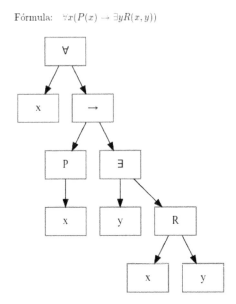

Figura 10.3: Árbol de análisis sintáctico de una fórmula de la lógica de predicados de primer orden.

```
18 print(myModel)
19 print("\nValores de verdad:\n")
20 # Analiza y evalúa cada una de las fórmulas
21 for fml in listaFmls:
22   print("El valor de verdad de "+fml+
23        " es " + str(myModel.evaluate(fml,myG)))
```

```
▷  Estructura definida:
   Domain = {'i2', 'i3', 'i4', 'i1'},
   Valuation =
   {'P': {('i4',), ('i1',)},
    'Q': {('i3',), ('i1',)},
    'R': {('i1', 'i4'), ('i4', 'i3')},
    'a': 'i1',
    'b': 'i2'}
   Valores de verdad:
   El valor de verdad de R(a, b) es False
   El valor de verdad de some x. (P(x) & Q(x)) es True
   El valor de verdad de
      all x . (P(x) -> some y . R(x,y)) es True
```

En el código anterior, las líneas 3–8 definen la interpretación myVal.

Como se puede observar, en las interpretaciones de las constantes (a y b) y los predicados P y Q (aridad 1) y R (aridad 2) aparecen los individuos i1, i2, i3 y i4. La línea 9 define un dominio a partir de los elementos que aparecen en myVal, que son esos mismos. Habría sido posible usar un conjunto diferente que tuviera, además de los mencionados, otros elementos. La línea 11 define el modelo myModel con el dominio e interpretación definidos previamente. Podemos usar este modelo para evaluar fórmulas de la lógica de predicados de primer orden. En las líneas 13–16 creamos una lista de fórmulas. Tras imprimir el modelo (línea 18) se evalúa e imprime el valor de verdad de cada fórmula (líneas 22-23). Se puede observar que el valor de verdad se determina mediante myModel.evaluate(fml,myG), donde myG es una asignación de elementos del dominio a las variables libres que se declaró en la línea 10 sin ninguna asignación específica.

En el cuaderno de lógica de predicados de primer orden hemos creado formularios que permiten introducir una fórmula y visualizar su estructura (figura 10.3), así como evaluar su valor de verdad en una estructura definida por el usuario (figura 10.4).

Dado que NLTK se orienta al procesamiento del lenguaje natural, permite implementar fácilmente cuestiones de semántica computacional. En el siguiente código vemos, usando una gramática y un modelo de ejemplo (líneas 1–10), cómo se analizan varias oraciones (lista de la línea 12) y, tras obtener su forma lógica (línea 22), se evalúa su valor de verdad en el modelo de ejemplo (línea 24):

```
import nltk.data
from nltk.sem.util import parse_sents
nltk.download('sample_grammars')
# Estructura de ejemplo:
val = nltk.data.load('grammars/sample_grammars/
    valuation1.val')
dom = val.domain
m = Model(dom, val)
g = Assignment(dom)
```

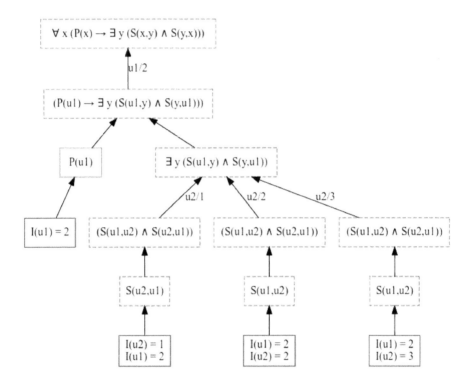

Figura 10.4: Árbol de evaluación semántica de una fórmula de la lógica de predicados de primer orden. Los nodos que contienen subfórmulas verdaderas están rodeados por líneas sólidas verdes. Los que contienen fórmulas falsas, líneas discontinuas rojas.

```
 9 # Gramática:
10 gramfile = 'grammars/sample_grammars/sem2.fcfg'
11 # Oraciones que queremos analizar:
12 inputs = ['John sees a girl', 'every dog barks']
13 # Analizamos:
14 parses = parse_sents(inputs, gramfile)
15 # Mostramos el análisis de cada oración junto con
16 # su forma lógica y valor de verdad:
17 for sent, trees in zip(inputs, parses):
18   print()
19   print("Sentence: %s" % sent)
20   for tree in trees:
21     print("Parse:\n %s" %tree)
22     fmla = root_semrep(tree)
23     print("Semantics: %s" %  fmla)
24     print("Truth value: %s" % m.evaluate(str(fmla),g))
```

```
⌐• Sentence: John sees a girl
  Parse:
  (S[SEM=<exists x.(girl(x) & see(john,x))>]
   (NP[-LOC, NUM='sg', SEM=<\P.P(john)>]
     (PropN[-LOC, NUM='sg', SEM=<\P.P(john)>] John))
   (VP[NUM='sg', SEM=<\y.exists x.(girl(x) & see(y,x))>]
    (TV[NUM='sg',SEM=<\X y.X(\x.see(y,x))>,TNS='pres'] sees)
    (NP[NUM='sg', SEM=<\Q.exists x.(girl(x) & Q(x))>]
      (Det[NUM='sg', SEM=<\P Q.exists x.(P(x) & Q(x))>] a)
      (Nom[NUM='sg', SEM=<\x.girl(x)>]
        (N[NUM='sg', SEM=<\x.girl(x)>] girl)))))
  Semantics: exists x.(girl(x) & see(john,x))
  Truth value: True

  Sentence: every dog barks
  Parse:
  (S[SEM=<all x.(dog(x) -> bark(x))>]
   (NP[NUM='sg', SEM=<\Q.all x.(dog(x) -> Q(x))>]
     (Det[NUM='sg', SEM=<\P Q.all x.(P(x) -> Q(x))>] every)
     (Nom[NUM='sg', SEM=<\x.dog(x)>]
       (N[NUM='sg', SEM=<\x.dog(x)>] dog)))
   (VP[NUM='sg', SEM=<\x.bark(x)>]
     (IV[NUM='sg', SEM=<\x.bark(x)>, TNS='pres'] barks)))
  Semantics: all x.(dog(x) -> bark(x))
  Truth value: True
```

Como vemos, la gramática ha analizado cada una de las oraciones y tras obtener su forma lógica (para "John sees a girl" ha devuelto $\exists x (Girl(x) \land Sees(john, x))$), la evalúa en el modelo. Si echamos un vistazo a cómo se define la gramática veremos que se combinan reglas gramaticales y lógicas, y el modelo está definido tal como hicimos más arriba.

Finalmente, usamos NLTK para hacer tableaux. Vemos un ejemplo en lógica proposicional:

```
import nltk.inference.tableau as tab
tab.tableau_test('Q', ['P', 'P -> Q'], verbose=True)
```

```
⌐·  P
       -Q
          (P -> Q)
             -P
                CLOSED
             Q
                CLOSED
      P, P -> Q |- Q: True
```

El tableau anterior demuestra la fórmula $Q$ a partir de $P$ y $P \rightarrow Q$. La salida es un poco difícil de interpretar, por ello en el cuaderno de tableaux hemos definido una función que la dibuja como un árbol. En las líneas de más arriba, cada nivel de profundidad en el árbol está indicado con una identación mayor. Las fórmulas al mismo nivel (como -P y Q) representan dos ramas diferentes. Vemos que ambas ramas resultan cerradas, y finalmente se indica que se verifica $P$, $P \rightarrow Q \vdash Q$. Del mismo modo es posible hacer demostraciones mediante tableaux en lógica de predicados (figura 10.5).

## 10.4   Cuadernos del proyecto LogiCoLab

En esta sección hacemos un repaso de las principales nociones que se introducen en cada uno de los cuadernos de LogiCoLab. La estructura de todos los cuadernos es similar, se alternan celdas de texto, en las que se introducen las nociones igual que se haría en un manual introductorio de lógica (con la posibilidad de escribir fórmulas en LaTeX) con celdas de código a modo de formularios en los que se introducen fórmulas, modelos, etc., y tras ejecutar la celda se visualiza el resultado.

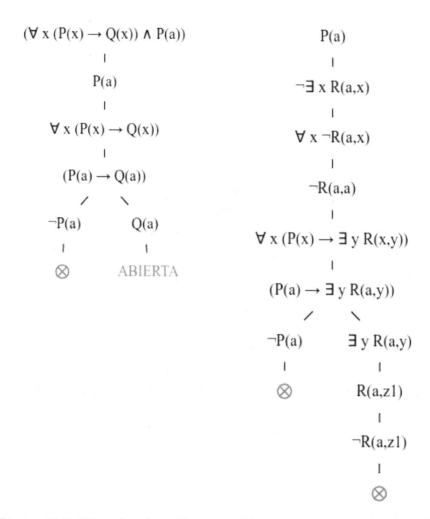

Figura 10.5: Ejemplos de tableaux en lógica de predicados de primer orden creados con NLTK. Izquierda: tableau de la fórmula $\forall x(Px \to Qx) \land Pa$, que queda abierto por ser satisfacible la fórmula. Derecha: tableau que demuestra que $\forall x(Px \to \exists y Rxy)$, $Pa \models \exists x Rax$. Hemos preferido no alterar el orden que sigue NLTK al construir los tableaux para reutilizar el código en la medida de lo posible, tomando las funciones de la librería tal como han sido desarrolladas.

## 10.4.1   Lenguaje y semántica de la lógica proposicional

El texto del primer cuaderno está dedicado a presentar el lenguaje y la semántica de la lógica proposicional. En los bloques de código se permite construir árboles de análisis de fórmulas proposicionales que pueden evaluarse en distintas interpretaciones (figura 10.1) y se construyen tablas de verdad con las que se pueden comprobar diversas nociones semánticas (satisfacibilidad, validez universal, equivalencia, consecuencia lógica, etc.). Hay dos detalles importantes dentro de la orientación LLI de la que hemos hablado más arriba. En primer lugar, al definir la estructura gramatical de las fórmulas bien formadas (fbf), se explica que el modo en que la computadora determina si una cadena de símbolos es una fbf es mediante el análisis sintáctico usando una gramática de rasgos. Usamos un formulario en el que se puede escribir una fórmula de la lógica proposicional y aparece su estructura gramatical. En segundo lugar, al final del cuaderno se explica que la electrónica digital se construye a través de puertas lógicas que funcionan como las conectivas proposicionales. Aparece una imagen de un sumador binario con acumulador implementado con puertas lógicas y a través de un formulario los estudiantes pueden introducir fórmulas proposicionales que toman como variables las entradas del circuito y comprueban en una tabla de verdad si la fórmula introducida modela el comportamiento de la salida.

## 10.4.2   Equivalencias, formas normales y satisfacibilidad en lógica proposicional

Este cuaderno está dedicado a presentar equivalencias proposicionales y mostrar cómo es posible utilizarlas para transformar una fórmula a diversas formas normales equivalentes. En el código se ofrecen formularios que permiten hacer estas transformaciones paso a paso (indicando qué subfórmula se reemplaza por qué otra) o bien usando las funciones disponibles en `sympy` (figura 10.2).

El cuaderno termina hablando de la utilidad de los algoritmos de satisfacibilidad proposicional (SAT) y se presenta DPLL, con el que se puede experimentar. Se ofrece código en Python que utiliza satisfacibilidad proposicional para resolver pequeños sudokus, como muestra de la utilidad de la lógica proposicional para modelar y resolver problemas de satisfacibilidad.

### 10.4.3 Lenguaje y semántica de la lógica de primer orden

Este cuaderno es similar al primero, pero sentado en la lógica de primer orden. El texto se dedica a presentar el lenguaje (figura 10.3) y la semántica de la lógica de predicados, centrándose especialmente en cómo se define una estructura o modelo, y cómo se determina el valor de verdad de una fórmula en tales estructuras. Hay formularios que permiten definir la interpretación de los diferentes elementos del lenguaje (constantes, predicados y relaciones) en dominios pequeños y se muestra mediante un árbol la evaluación de una fórmula introducida (figura 10.4).

Al final del cuaderno hay una sección dedicada a la utilidad de la lógica de primer orden en semántica computacional. Se muestra el código que se presentó más arriba al hablar de NLTK que permite obtener la forma lógica de una oración y evaluarla en un modelo. Es una actividad interesante para ver una posible aplicación de los ejercicios de formalización.

### 10.4.4 Cálculo de tableaux

Este cuaderno presenta el cálculo de árboles semánticos o tableaux, proporcionando un conjunto de reglas que permiten construir tableaux tanto en lógica proposicional como de predicados de primer orden. El código ofrece formularios que permiten construir tableaux para resolver diversos tipos de problemas (satisfacibilidad, consecuencia lógica, etc.) utilizando

NLTK (figura 10.5). También se recurre a Tree Proof Generator[2] para hacer tableaux en línea.

## 10.4.5   Deducción natural con Open Logic Project

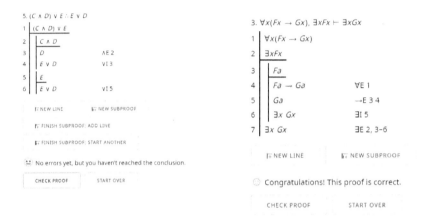

Figura 10.6: Deducción natural con el editor de pruebas de Open Logic Project. A la izquierda se muestra una prueba en lógica proposicional sin completar. El asistente nos informa de que no hay errores pero aún no hemos llegado a la conclusión. A la derecha vemos una prueba en lógica de primer orden completa. Para que cada paso sea correcto, hay que justificar adecuadamente la fórmula que se introduce indicando la regla utilizada y los números de las fórmulas a las que se ha aplicado.

Este es el último tema, para el cual no utilizamos un cuaderno de Google Colab, sino el texto *forall x: Calgary* y el asistente de ducción natural que ofrece Open Logic Project[3]. De este modo acercamos a los estudiantes a materiales de acceso abierto, tanto texto como software. Además, el asistente de deducción natural (figura 10.6) es un recurso extraordinario que permite aprender las reglas mientras se practica con ejemplos progresivamente más complejos. El asistente permite validar cada paso.

---

[2]Accesible en `https://www.umsu.de/trees/`.

[3]Accesible en `https://proofs.openlogicproject.org/`.

## 10.5   Discusión

Los materiales del proyecto LogiCoLab se han elaborado y utilizado por primera vez durante el curso 2022/2023, en mi docencia de la asignatura "Lógica" (segundo cuatrimestre) en segundo curso de Grado en Filosofía de la Universidad de Sevilla. A la espera de tener los resultados completos de la evaluación, el número de estudiantes aprobados en primera convocatoria es similar a los cursos pasados. El beneficio de usar LogiCoLab que los estudiantes han manifestado ha sido disponer de una herramienta con la que comprobar la solución de los ejercicios que hacían al estudiar, al modo de calculadora lógica que no solo ofrece el resultado sino que muestra los pasos seguidos hasta obtenerlo. Como el lenguaje usado para la introducción de fórmulas en LogiCoLab es el mismo que el empleado en clase, y hemos usado los cuadernos durante las sesiones teóricas y prácticas, no les ha resultado difícil habituarse. Sí que algunos estudiantes (sobre todo los más mayores) han mostrado cierto rechazo a la herramienta informática, pero por lo general la acogida ha sido positiva.

## Bibliografía

[1] Steven Bird, Ewan Klein, and Edward Loper. *Natural language processing with Python: analyzing text with the natural language toolkit.* O'Reilly Media, 2009.

[2] Claus Fuhrer, Jan Erik Solem, and Olivier Verdier. *Scientific Computing with Python 3.* Packt Publishing Ltd, 2016.

[3] Peter Wentworth, Jeffrey Elkner, Allen B Downey, and Chris Meyer. How to think like a computer scientist: Learning with python 3, 2015.

www.ingramcontent.com/pod-product-compliance
Lightning Source LLC
Chambersburg PA
CBHW071112050326

40690CB00008B/1194